U0258563

见识城邦

更新知识地图　拓展认知边界

# 少年图文大历史

## 构成物质的元素从哪里来

[韩]金义成　[韩]金艺瑟 著　[韩]洪承宇 绘

杨蕾蕾 译　邹翀 校译

中信出版集团 | 北京

图书在版编目（CIP）数据

构成物质的元素从哪里来 /（韩）金义成,（韩）金
艺瑟著;（韩）洪承宇绘；杨蕾蕾译. -- 北京：中信
出版社 , 2021.10
（少年图文大历史；3）
ISBN 978-7-5217-2936-8

Ⅰ.①构… Ⅱ.①金…②金…③洪…④杨… Ⅲ.
①化学元素－少年读物 Ⅳ.①O611-49

中国版本图书馆 CIP 数据核字（2021）第 044185 号

Big History vol.3
Written by Euisung KIM, Yiseul KIM
Cartooned by Seungwoo HONG
Copyright © Why School Publishing Co., Ltd.- Korea
Originally published as "Big History vol. 3" by Why School Publishing Co., Ltd., Republic of Korea 2014
Simplified Chinese Character translation copyright © 2021 by CITIC Press Corporation
Simplified Chinese Character edition is published by arrangement with Why School
Publishing Co., Ltd. through Linking-Asia International Inc.
All rights reserved.
本书仅限中国大陆地区发行销售

**构成物质的元素从哪里来**

著者：　　[韩]金义成　[韩]金艺瑟
绘者：　　[韩]洪承宇
译者：　　杨蕾蕾
校译：　　邹翀
出版发行：中信出版集团股份有限公司
　　　　　（北京市朝阳区惠新东街甲 4 号富盛大厦 2 座　邮编　100029）
承印者：　　天津丰富彩艺印刷有限公司

开本：880mm×1230mm 1/32　　印张：7　　　　字数：120 千字
版次：2021 年 10 月第 1 版　　　印次：2021 年 10 月第 1 次印刷
京权图字：01–2021–3959　　　　书号：ISBN 978–7–5217–2936–8
定价：58.00 元

# 大历史是什么？

为了制作"探索地球报告书"，具有理性能力的来自织女星的生命体组成了地球勘探队。第一天开始议论纷纷。有的主张要了解宇宙大爆炸后，地球是从什么时候、怎样开始形成的；有的主张要了解地球的形成过程，就要追溯至太阳系的出现；有的主张恒星的诞生和元素的生成在先，所以先着手研究这个问题。

在探索过程中，勘探家对地球上存在的多样生命体的历史产生了兴趣。于是，为了弄清楚地球是在什么时候开始出现生命的，并说明生命体的多样性和复杂性，他们致力于研究进化机制的作用过程。在研究过程中，他们展开了关于"谁才是地球的代表"的争论。有人认为存在时间最长、个体数最多、最广为人知的"细菌"应为地球的代表；有人认为亲属关系最为复杂的蚂蚁才是；也有人认为拥有最强支配能力的智人才是地球的代表。最终在细菌与人类的角逐战中，人类以微弱的优势胜出。

现在需要写出人类成为地球代表的理由。地球勘探队决定要对人类怎样起源、怎样延续、未来将去往何处进行调查，同时要找出人类的成就以及影响人类的因素是什么，包括农耕、城市、帝国、全球网络、气候、人口增减、科学技术和工业革命等。那么，大家肯定会好奇：农耕文化是怎样促使人类的生活产生变化的？世界是怎样连接的？工业革命是怎样改变人类历史的？……

地球勘探队从三个方面制成勘探报告书，包括："从宇宙大爆炸到地球诞生"、"从生命的产生到人类的起源"和"人类文明"。其内容涉及天文学、物理学、化学、地质学、生物学、历史学、人类学和地理学等，把涉及的知识融会贯通，最终形成"探索地球报告书"。

好了，最后到了决定报告书标题的时间了。历尽千辛万苦后，勘探队将报告书取名为《大历史》。

外来生命体？地球勘探队？本书将从外来生命体的视角出发，重构"大历史"的过程。如果从外来生命体的视角来看地球，我们会好奇地球是怎样产生生命的、生命体的繁殖系统是怎样出现的，以及气候给人类粮食生产带来了哪些影响。我们不禁要问："6 500万年前，如果陨石没有落在地球上，地球上的生命体如今会怎样进化？""如果宇宙大爆炸以其他细微的方式进行，宇宙会变成什么样子？"在寻找答案的过程中，大历史产生了。事实上，通过区分不同领域的各种信息，融合相关知识，并通过"大历史",我们找到了我们想要回答的"宇宙大问题"。

大历史是所有事物的历史,但它并不探究所有事物。在大历史中,所有事物都身处始于 137 亿年前并一直持续到今天的时光轨道上,都经历了 10 个转折点。它们分别是 137 亿年前宇宙诞生、135 亿年前恒星诞生和复杂化学元素生成、46 亿年前太阳系和地球生成、38 亿年前生命诞生、15 亿年前性的起源、20 万年前智人出现、1 万年前农耕开始、500 多年前全球网络出现、200 多年前工业化开始。转折点对宇宙、地球、生命、人类以及文明的开始提出了有趣的问题。探究这些问题,我们将会与世界上最宏大的故事相遇,宇宙大历史就是宇宙大故事。

因此,大历史不仅仅是历史,也不属于历史学的某个领域。它通过开动人类的智慧去理解人类的过去和现在,它是应对未来的融合性思考方式的产物。想要综合地了解宇宙、生命和人类文明的历史,就必然涉及人文与自然,因此将此系列丛书简单地划分为文科和理科是毫无意义的。

但是,认为大历史是人文和科学杂乱拼凑而成的观点也是错误的。我们想描绘如此巨大的图画,是为了获得一种洞察力,以便贯穿宇宙从开始到现代社会的巨大历史。其洞察中的一部分发现正是在大历史的转折点处,常出现多样性、宽容开放、相互关联性以及信息积累的爆炸式增长。读者不仅能通过这一系列丛书，在各本书也能获得这些深刻见解。

阅读和学习"少年图文大历史"系列丛书会有什么不同呢？当然是会获得关于宇宙、生命和人类文明的新奇的知识。此系列丛书不是百科全书，但它包含了许多故事。当这些故事以经纬线把人文和科学编织在一起时，大历史就成了宇宙大故事，同时也为我们提供了一个观察世界、理解世界的框架。尽管想要形成与来自织女星的生命体相同的视角可能有点困难，但就像登上山顶俯瞰世界时所看到的巨大远景一样，站得高才能看得远。

但是，此系列丛书向往的最高水平的教育是"态度的转变"，因为通过大历史，我们最终想知道的是"我们将怎样生活"。改变生活态度比知识的积累、观念的获得更加困难。我们期待读者能够通过"少年图文大历史"系列丛书回顾和反省自己的生活态度。

大历史是备受世界关注的智力潮流。微软的创始人比尔·盖茨在几年前偶然接触到了大历史，并在学习人类史和宇宙史的过程中对其深深着迷，之后开始大力投资大历史的免费在线教育。实际上，他在自己成立的BGC3（Bill Gates Catalyst 3）公司将大历史作为正式项目，之后还与大历史企划者之一赵智雄的地球史研究所签订了谅解备忘录。在以大卫·克里斯蒂安为首的大历史开拓者和比尔·盖茨等后来人的努力下，从 2012 年开始，美国和澳大利亚的 70 多所高中进行了大历史试点项目，韩国的一些初、高中也开始尝试大历史教学。比尔·盖茨还建议"青少年应尽早学习大历史"。

经过几年不懈努力写成的"少年图文大历史"系列丛书在这样的潮流中，成为全世界最早的大历史系列作品，因而很有意义。就像比尔·盖茨所说的那样，"如今的韩国摆脱了追随者的地位，迈入了引领国行列"，我们希望此系列丛书不仅在韩国，也能在全世界引领大历史教育。

李明贤　　　赵智雄　　　张大益

# 祝贺"少年图文大历史"系列丛书诞生

大历史是保持人类悠久历史，把握全宇宙历史脉络以及接近综合教育最理想的方式。特别是对于 21 世纪接受全球化教育的一代学生来讲，它显得尤为重要。

全世界范围内最早的大历史系列丛书能在韩国出版，并且如此简洁明了，这让我感到十分高兴。我期待韩国出版的"少年图文大历史"系列丛书能让世界其他国家的学生与韩国学生一起开心地学习。

"少年图文大历史"系列丛书由 20 本组成。2013 年 10 月，天文学者李明贤博士的《世界是如何开始的》、进化生物学者张大益教授的《生命进化为什么有性别之分》以及历史学者赵智雄教授的《世界是怎样被连接的》三本书首先出版，之后的书按顺序出版。在这三本书中，大家将认识到，此系列丛书探究的大历史的范围很广阔，内容也十分多样。我相信"少年图文大历史"系列丛书可以成为中学生学习大历史的入门读物。

大历史为理解过去提供了一种全新的方式。从 1989

年开始，我在澳大利亚悉尼的麦考瑞大学教授大历史课程。目前，以英语国家为中心，大约有 50 所大学开设了大历史课程。此外，在微软创始人比尔·盖茨的热情资助下，大历史研究项目团体得以成立，为全世界的青少年提供免费的线上教材。

如今，大历史在韩国备受关注。2009 年，随着赵智雄教授地球史研究所的成立，我也开始在韩国教授大历史课程。几年来，为促进大历史在韩国的传播，我们付出了许多心血，梨花女子大学讲授大历史的金书雄博士也翻译了一系列相关书籍。通过各种努力，韩国人对大历史的认识取得了飞跃式发展。

"少年图文大历史"系列丛书的出版将成为韩国中学以及大学里学习研究大历史体系的第一步。我坚信韩国会成为大历史研究新的中心。在此特别感谢地球史研究所的赵智雄教授和金书雄博士，感谢为促进大历史在韩国的发展起先驱作用的李明贤教授和张大益教授。最后，还要感谢"少年图文大历史"系列丛书的作者、设计师、编辑和出版社。

2013 年 10 月

大历史创始人　大卫·克里斯蒂安

*David Christian*

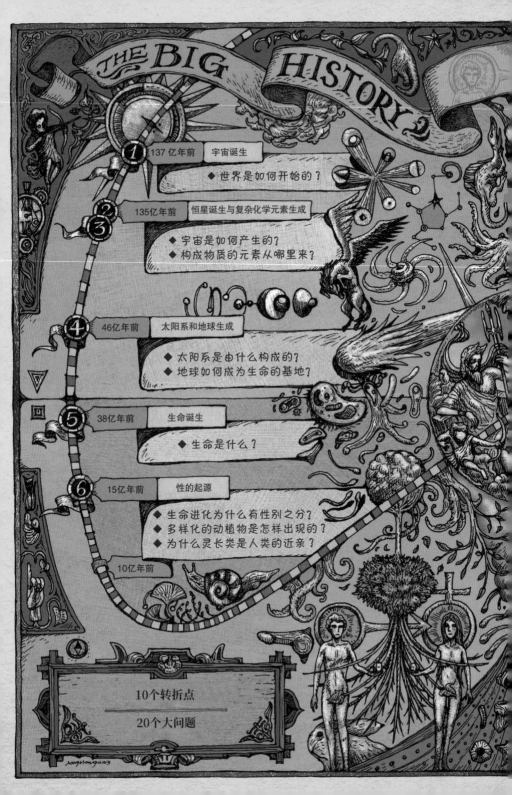

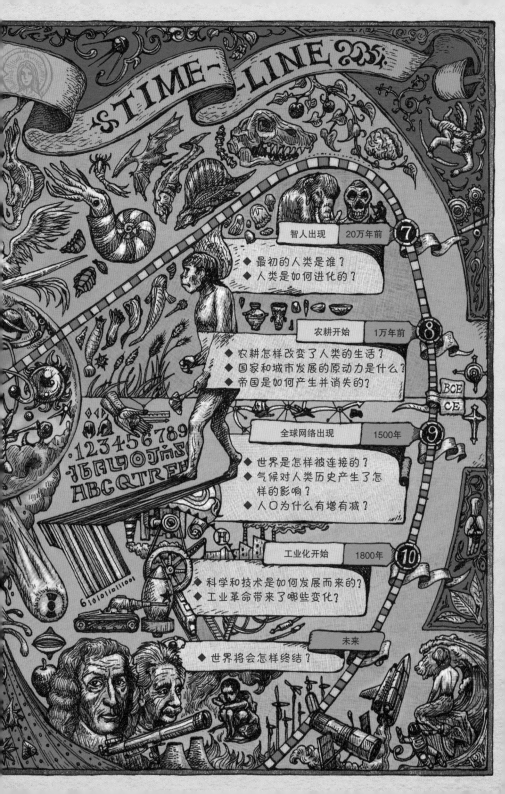

TIME-LINE 235

智人出现 | 20万年前 | ⑦
- ◆ 最初的人类是谁？
- ◆ 人类是如何进化的？

农耕开始 | 1万年前 | ⑧
- ◆ 农耕怎样改变了人类的生活？
- ◆ 国家和城市发展的原动力是什么？
- ◆ 帝国是如何产生并消失的？

BCE
CE

全球网络出现 | 1500年 | ⑨
- ◆ 世界是怎样被连接的？
- ◆ 气候对人类历史产生了怎样的影响？
- ◆ 人口为什么有增有减？

工业化开始 | 1800年 | ⑩
- ◆ 科学和技术是如何发展而来的？
- ◆ 工业革命带来了哪些变化？

未来
- ◆ 世界将会怎样终结？

# 目录

## 所有物质的起源

 拓展阅读

# ② 物质的基本结构

# 3

## 周期表里隐藏的秘密

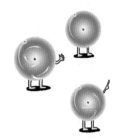

 拓展阅读

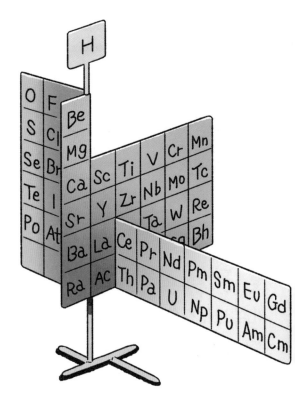

# 4

## 物质的生成

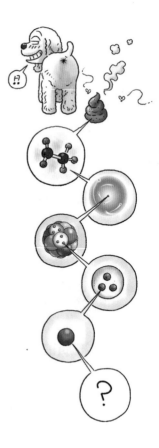

# 5

## 化学进化视角下的生命诞生

 拓展阅读

# 我们从哪里来?
## 我们是谁?
## 我们到哪里去?

引言

"我"从何处而来?"我"这个生命体是如何产生的？如果"我"死亡了，会去往何处？想必诸位也曾产生过此类关于自身根源的疑问吧？因为这些疑问是人类普遍关注的问题。

古代人类就产生过这类疑问。希腊自然哲学家泰勒斯率先提出"太古之处，万物产生于水"的观点，之后恩培多克勒提出以水、空气、土、火为根源的"四元素说"，再之后德谟克利特提出了如今我们所熟知的"原子"概念。

到了 17 世纪，提出万物根源疑问的人，从哲学家扩展到炼金术士。所谓炼金术士是指当时尝试直接通过化学反应创造出新物质的一类人。炼金术士使用埃及时代流传下来的炼金术或合金法，试图将铅这一类普通的金属转化为金。那么，这一尝试是否取得了成功呢？显然，他们失败了。炼金术士虽然未能成功炼金，但是在这一过程中研究出了蒸馏技术、化学药品等，对于现代化学的发展做出了巨大贡献。

其实，现在的技术已经可以做到从水银中提炼出金。水银比金多一个质子，当水银在大型粒子加速器中，与铍元素发生撞击时，水银就会脱落一个质子，变为金。按道理讲，研究出这个方法的科学家早就应该冲出实验室，掀起建立个人粒子加速器的炼金热潮，但是迄今为止还未曾听说有人利用这项技术发家致富。这是因为即使让粒子加速器满负荷运转一年，也仅能生成 0.00018 克金。如此一来产出金的花费比购买金的费用要高出几万倍，谁会做这样得不偿失的事呢？但是，确实有人在做。这些人正是科学家，他们不是为了成为富翁，而是为了寻求万物根源的真谛。

进入 18 世纪，欧洲迎来了化学的巨大发展期。道尔顿继承了 2300 多年前德谟克利特提出的古希腊朴素原子论，但是道尔顿未能证明原子的存在，这一点直到玻尔兹曼、布朗、爱因斯坦、佩兰相继登上科学史，才看到了希望。玻尔兹曼提出了"气体运动是原子运动的宏观表现"的主张，之后布朗提出了花粉分子运动（即布朗运动）学说，证实了肉眼不可见的分子运动的存在。爱因斯坦则将布朗运动用数学方式进行了证明，受此启发，佩兰明确提出了"液体由分子组成，分子是运动的"。因此，"物质由分子组成，分子是原子的集合体"的理论为人们所周知，"物质的基本粒子是原子"的观点从此进入科学范畴。

X射线和其他射线的发现撼动了道尔顿提出的"原子是不可被分割的稳定粒子"的原子论。随着约瑟夫·汤姆逊发现电子，道尔顿的原子论被推翻了。汤姆逊的学生欧内斯特·卢瑟福发现了原子核，卢瑟福的学生詹姆斯·查德威克发现了中子，以此证明了原子可以被分割成更小的粒子。后来，科学家运用粒子加速器发现了更小的小粒子。默里·盖尔曼与乔治·茨威格提出了物质是由6种夸克和6种轻子构成的观点，即物质由分子组成，分子由原子组成，原子则可分割为电子和原子核，原子核由中子和质子构成，它们分别由3个夸克组成。电子则是一种轻子。这证明了人类看不见、听不到、闻不出、摸不着的原子与构成原子的粒子的存在，同时也回答了关于万物根源的问题。

那么，我们的下一个疑问是什么呢？——万物根源的粒子从何而来，元素怎样形成物质与生命体等问题接连而来。本书不仅会对上述问题做出回答，而且也会对大历史的第三大转折点——元素与物质的形成做详细解说。

抛出关于生存疑问的保罗·高更的画作《我们从哪里来？我们是谁？我们到哪里去？》

　　法国画家保罗·高更以南太平洋大溪地岛的自然风光为背景，从小孩到老人总共画了 12 个人物，表现了对生命起源、生存意义以及死亡的认识。在画卷左侧上端写了如下三个问题："我们从哪里来？我们是谁？我们到哪里去？"这三个问题也是这幅画的作品名。

　　当各位读完这本书时，如果回想起保罗·高更的作品名，会如何作答呢？希望到时各位能对保罗·高更的哲学问题做出科学性的解答。同时，作为宇宙中的存在，期望能够帮助各位解答关于根源的问题，确认各自的定位，向解答与宇宙相关的人生哲学问题更近一步。

# 所有物质的起源

"我"是如何出生的呢？从生物学角度来看，"我"是经过以下神圣的过程来到这个世界的。首先，妈妈的卵子和爸爸的精子相遇形成受精卵；然后，受精卵在妈妈的肚子里生长发育10个月形成胎儿；最后，出生。虽然"我"是与父母相区别的独立个体，但是"我"继承了DNA上父母的遗传信息，所以长相会与他们十分相似。

接下来让我们一起探寻以构成生命的主要物质——氨基酸为代表的众多分子的来源吧！分子由原子构成，原子又由夸克和轻子组成。因此，如果要生成"我"，首先应

**夸克·轻子**
构成物质最小单位的要素。

该有夸克和轻子。那么，它们是如何产生的呢？

## 最初的元素

卡尔·萨根说过："如果你要在一无所有的世界做苹果派，那必须先创造出宇宙。"同理，如果要用夸克和轻子作为标准模型构成物质，那么也应该从生成宇宙开始，因为宇宙生成之后才出现了时间，而夸克和轻子也出现于此时。

这里所说的最初的宇宙起始于宇宙大爆炸之后 $10^{-43}$ 秒。这个时间被称之为普朗克时间。普朗克时间是人类已知的最早时间，在此之前的更久远的时间尚无法了解。因而我们可以认识的最早的宇宙是普朗克时间之后的宇宙。科学家推测认为，宇宙当时以能量的形态存在——在极度高温的环境下，光和粒子原材料紧密地混合于一处。之后，宇宙在极为短暂的刹那间急剧膨胀，变得相当巨大，我们称之为"暴胀"。在这个过程中的某一瞬间，产生了最初的物质——夸克，这一时期被称为强子时期，此时宇宙的年龄相当于 $10^{-32} \sim 10^{-4}$ 秒。与此同时，还产生了轻子和中子。宇宙年龄到 1 秒时，产生了各种粒子及其反粒子。

随后，粒子与反粒子发生碰撞，湮灭发光（准确来说

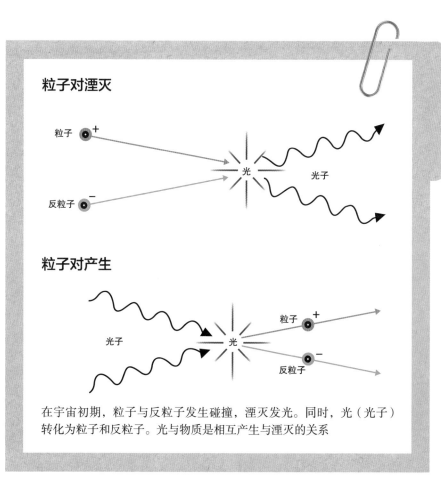

在宇宙初期，粒子与反粒子发生碰撞，湮灭发光。同时，光（光子）转化为粒子和反粒子。光与物质是相互产生与湮灭的关系

是伽马射线）。当然，与此相反的过程也在同时发生。这一时期，光可以由粒子对的湮灭转换而来。由于物质可以转化为光、光也可以转化为物质，因此就物质而言，我们认为物质既可以消失，也可以产生。光和物质就像这样不断重复产生与消失的过程。

我们熟知质量守恒定律、能量守恒定律等守恒定律，因此可能会对粒子对的产生与湮灭现象感到惊讶不已。但是，这一现象通过质量—能量等效性（$E=mc^2$，$E$ 能量，$m$ 质量，$c$ 光速）立刻就能够得到明确的解释，令人惊叹。

科学家推测，在普朗克时间的宇宙里充满了数不清的能量和相互作用的小粒子。最初的宇宙里，夸克毫无秩序可言，就如同黏黏糊糊、咕嘟咕嘟的热粥。所以，我们经常把那时候的宇宙称为"等离子粥"。在这个黏稠的粥里，在粒子对不断湮灭又产生的过程中，生存下来的夸克们在逐渐冷却的宇宙里相互结合，形成了质子和中子。

2 个 u 夸克和 1 个 d 夸克结合构成质子，1 个 u 夸克

## 质量—能量等效性

为了理解物质产生的过程，除了标准模型，我们还需要了解爱因斯坦的狭义相对论。根据这一理论提出的质量—能量等效性，质量与物质的能量的本质相同，因此可以相互转换，即所有的能量都具有与其相当的质量。质量—能量等效性公式就是著名公式 $E=mc^2$。这里特别需要注意的是光速（$c$）。如果把质量换算为能量，则需要乘以光速的平方，这个数值会非常大，因为光 1 秒钟会移动约 30 万千米。那么，静止状态下具有 1 质量的物质能量有多大呢？约为 $9 \times 10^{16}$ 焦耳（J）的巨大能量。1 个耗电 60 瓦特的白炽灯泡，每秒耗费 60 焦耳（J）的能量。如果静止质量为 1 的物质在某种条件下转化为能量，这个能量足够让 1 个白炽灯泡照明超过 4000 年。当然，白炽灯泡的灯丝在此之前肯定会被烧焦。

## 质子和中子的结构

质子　　　　　　　　　　　　　　　中子

质子由 2 个 u 夸克和 1 个 d 夸克结合而成，具有 +e 的电荷量。中子由
1 个 u 夸克和 2 个 d 夸克结合而成，为中性，电荷量为 0

和 2 个 d 夸克构成中子。此时，能
够将夸克组合在一起的力就是"强
核力"。质子的出现等同于最初原
子核的出现，比如氢，其原子核由
1 个质子构成。

　　宇宙年龄在 0.01 秒时，宇宙
的温度降至 1000 亿 K（开尔文
Kelvins，热力学温标，以绝对零

**u 夸克·d 夸克**
正如前面提到的，夸克
有 6 种，其中最轻的是 u
夸克（up quark）和 d 夸
克（down quark）。

度为计算起点，即 –273.15℃=0K，每变化 1K 相当于变化 1℃）。但是，质子和中子结合构成原子核时，温度仍然非常高。当宇宙年龄到 1 秒时，宇宙的温度为 10 亿 K，密度变得与现在地球的空气密度相似。这样一来，终于具备了质子和中子可以相互结合的黄金条件。因为，温度特别高时，质子和中子的速度过快，会导致双方相互错过，无法结合；而温度特别低时，质子和中子无法获得充分的能量，也无法结合。

当质子和中子具备结合可能性时，就可以生成氢原子核（即质子）以外的原子核。先生成由 1 个质子和 1 个中子构成的氘核，再生成由 2 个质子和 2 个中子组成的氦核。从轻的元素到重的元素的生成过程，我们可称之为"核合成"。而星星出现之前的初期宇宙里发生的原子核合成称为"宇宙大爆炸核合成"。宇宙形成仅仅 3 分钟，就生成了简单的原子核。因此，即便说从此时起产生了世界万物也不为过。"太初 3 分钟"确实是个神奇的时间。

不过，可惜的是宇宙大爆炸核合成维持了不过几分钟，因为伴随着宇宙的持续膨胀，温度急剧下降。宇宙大爆炸核合成能够进行的时间非常短暂，生成了氘核和氦核，以及少量的锂核和铍核。宇宙里现存的氘基本都生成于此时。虽然构成原始宇宙的太初元素只有为数不多的几种，但是这些元素是构成后来所有物质的材料。假如没有

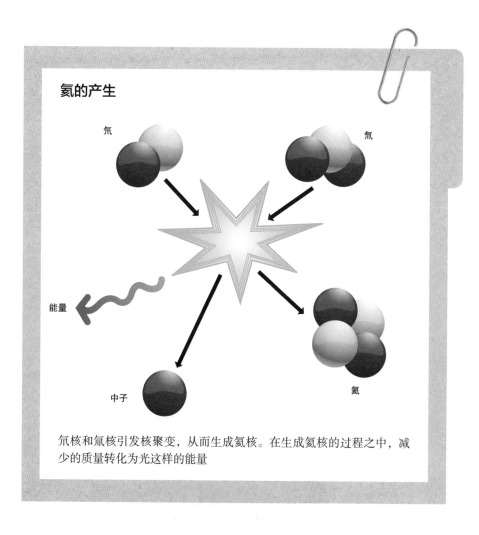

**氦的产生**

氘

氚

能量

中子

氦

氘核和氚核引发核聚变，从而生成氦核。在生成氦核的过程之中，减少的质量转化为光这样的能量

"太初 3 分钟"，那么我们也不可能存在。

　　但是，到此时还没有产生完整意义上的"原子"。带正电荷的原子核和带负电荷的电子之间，存在相互吸引的电磁力。由于这个电磁力，原子核可以捕捉到电子，从而形成原子。但是，此时的宇宙却没有具备能够捕捉并稳定

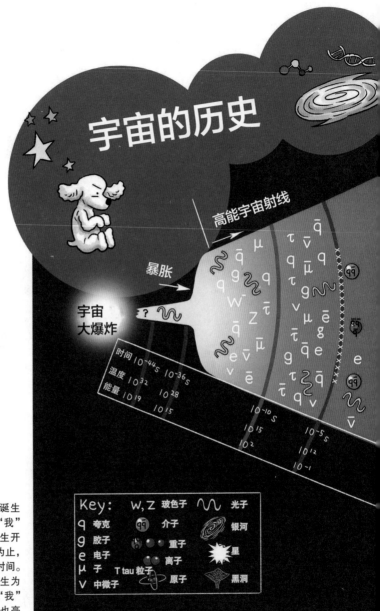

由于在宇宙历史中诞生了元素，才能够有"我"的存在。从宇宙诞生开始，到"我"出现为止，经过了137亿年的时间。那么，以元素的诞生为准的话，即使说"我"的年龄是137亿年也毫不夸张

电子的"正合适"的"黄金"条件，是因为宇宙的温度仍然非常高，电子可以自由移动。宇宙仍然是原子核和电子非常混乱的"等离子粥"状态。与此同时，光子也与"等离子粥"的粒子们发生碰撞混乱不堪，宇宙仍然维持着高温、不透明的状态。就好比在雾中，光被水滴散射，因而无法到达我们的眼睛。当时产生的光无法从"等离子粥"里照射出来。因此，我们无法观测到这一时期产生的光。

宇宙诞生之后经过了约38万年的时间，宇宙充分膨胀，温度下降至3000K。就这样，宇宙冷却到了原子核和电子可以结合为原子的温度，终于迎来了"原子"诞生的时刻。这一过程称为复合（事实上，原子核和电子既没有结合过也没有分离过，复合这个用语有些不合适）。从这时开始，基本力之中最弱的引力也可以不受限制地发挥作用。

携带正电荷的原子核和携带负电荷的电子结合成为中性原子，光子（光）就可以不受电荷妨碍，较为自由地移动，从而可以直线前进，即，宇宙变得透明了。光变得较为自由的时期叫作退耦时期，这一时期复合和退耦几乎同时得以实现。我们所知晓的宇宙背景辐射就是观测到了这时的光。然而，观测退耦之前的宇宙很难实现，因此退耦之前的时期称为黑暗时代。

黑暗时代随着原子的诞生而结束，光从这时才变得自由。宇宙变透明，开始生成宇宙的各种成员。人类的诞生也起始于原子的诞生，因此我们算是宇宙的产物、宇宙的子孙。一想到组成我们身体的每个元素都体现着宇宙的历史，就令人感叹不已。

## 生命元素的诞生

宇宙大爆炸之后仅仅 3 分钟就生成了形成宇宙的基础材料——氢核和氦核。因此，这个时间称为"太初 3 分钟"。虽然是非常短暂的时间，但是由于在宇宙的历史上是相当重要的时间，因此 3 分钟的体感时间会非常长。不过，太初 3 分钟里不可能合成所有能够诞生生命的材料。倘若要生成复杂有机体的生命，只有氢和氦显然不够。至少还需要碳、氮、氧。那么，这些质量大的元素在哪里形成呢？可以说，这些元素生成之处就在我们的起源之地。

我们可以在银河和星体上寻找这个问题的答案。宇宙大爆炸发生后，宇宙逐渐降温，生成了氢和氦。均质的宇宙在不同区域逐步出现密度差，由于引力的影响，在密度高的地方，氢和氦聚集形成气态团块。

由氢和氦组成的小气团形成了原始气体云。这类气体云渐渐密集，内部温度也随之急剧上升，随后气体云逐渐加快收缩，最终由于核合成而生成发光的星体。原始银河和星体几乎是一起生成的，同时在已形成的银河里也会生成星体。星体作为构成宇宙的物质，也可以被认为是"氢和氦的凝聚体"。

最初生成的星体之中，有的寿命只有 100 万年、1000 万年。这些寿命较短的星体消亡后，在原来的位置又会重新生成星体。在数亿年的时间里，星体会不断生成和消亡。当然，也有从初期生成之后一直存在至今的星体。

在原始银河里，生成了第一代星体，它们存在了 1000 万年至 1 亿年，演变为超新星，之后消亡。但是，像太阳这样的星体，则是经过数十亿年，在众多星球体不断重复生成和消亡的过程之中形成的。在受引力作用周边气体聚合形成的原始银河之中，伴随着第一代星体生成、短时存在、消亡、爆炸，构成物质的基本元素再次扩散，形成了第二代星体。这一过程不断重复，才形成了能够生成我们如今生活的太阳系这类的第三代星体的条件，即物质开始于宇宙大爆炸，经过星体的存亡演变，变得十分多样化。

宇宙的世代更替与人类的 30 年为周期的世代更替不同。星体的世代概念取决于大质量元素的含量比例。根据星体爆炸形成的大质量元素的比例，可以准确判断它是第几代星体。因为星体的世代数越大，含有大质量元素的比

**通过斯巴鲁宇宙望远镜观测到的宇宙初期的星体 SDSS J0018-0939**

例越高。例如，根据太阳生成的星云含有大质量元素的比例，可以判断出太阳是第三代星体。

只有含有大质量元素的比例高的第三代星体，才能够满足生命诞生的条件。观测外围行星线谱、探明其所含元素的种类，如果周边恒星是第一代或第二代，那么显然没有存在生命的可能性。

氢的原子核由1个质子构成。氢原子核捕获1个电子，就能够形成1个氢原子。因此，最简单的原子就是"氢"。此外，最早的原子也是氢的事实毋庸置疑。排在氢之后的简单元素是由2个质子和2个中子构成的"氦"。

### 汉斯·贝特

出生于德国的汉斯·贝特（1906—2005）阐明了恒星发光和释放能量的原理，研究了恒星上核聚变反应生成多种元素的问题。第二次世界大战爆发后，他为了躲避纳粹对犹太人的迫害去了美国，在美国作为理论物理学领域的负责人参与了原子弹研究计划——"曼哈顿项目"的开发。虽然汉斯·贝特是开启核时代的先驱之一，但是在广岛投下原子弹之后，他耗尽平生为阻止核武器扩散而奔走。战争结束后，他回到康奈尔大学，作为"一级理论物理学家"积极从事科学研究。1967年，由于其"对核反应理论做出的贡献，尤其是与恒星能量有关的研究"成果卓越，贝特获得了诺贝尔物理学奖。

结构简单的原子"氢"和"氦"就像乐高积木拼块一样成为合成其他元素的材料。两个原子核聚合形成另一个质量更大的原子核的反应叫作核聚变。

星体能够发出美丽的光芒，就是因为"核聚变"。为了与宇宙大爆炸核合成相区别，这个核聚变的过程被称为"恒星核合成"。恒星发出的光和能量的原理是科学界的代表性难题之一。

1938 年物理学家汉斯·贝特最先阐明了恒星的能量源问题。据说贝特曾指着夜晚天空中的星星，用自豪的口吻对他的未婚妻喁喁细语："世界上只有我知道那颗星星为什么会发光！"仰望美丽的星空，而知道这个秘密的人只有"我"一人，这多么令人心潮澎湃！

在构成核的质子和中子之中，质子带有正电荷，因此当两个质子接近，由于电磁力，会相互排斥。相反，不带电的中子则不会如此。

但是，当质子们相互接近至相当于原子核大小（$10^{-15}$m）的 1 飞米（fm）时，不仅不会相互排斥，反而会由于某种强相互作用（强核力）牢固地结合在一起。这种力约是电磁力的 100 倍。强核力在非常小的范围内起作用，与电荷的正负无关。质子与中子结合生成核，质子们需要克服电磁力，将距离充分缩小，才能够使强核力发挥作用。

若想由核子们（质子、中子）聚变生成新核，核子们必须以足够快的速度相互碰撞才能够实现，即核子的温度（平均动能）足够高才行。只有经过无数次碰撞，才会发生戏剧性的融合。那就要求参与反应的众多的核必须处于高温、高密度的等离子状态。满足这一条件的地方就是"星体的内部"。换言之，星体里可以生成新的元素。

例如，太阳就像沸腾的锅。太阳内部的压力相当于1010 个标准大气压，温度是 1500 万 K。在沸腾的太阳核心里，氢剧烈燃烧生成能量。准确来讲，氢并不可燃，炽热的质子与电子分离，发生高速碰撞，又融合为一体，这一惊人的过程只单纯使用"燃烧"来表述确有不足。在太阳里，经过阶段性的核聚变，4 个氢核最终融合为 1 个氦核。

不过，有一点很奇怪，在星体内部，氢核发生高速碰撞产生氦核时，总质量会变少。这违反了质量守恒定律！减少的质量去了哪里呢？

让我们一起研究一下在太阳里发生的核聚变。氢核的相对原子质量为 1.008，氦核的质子量为 4.004。擅长心算的人应该已经得出了结果。4 个氢核融合为 1 个氦核时，有 0.028 的质量消失了！这让我们想起了爱因斯坦的质量—能量等价性公式。（在此处我们会切实感受到这个公式为什么会如此有名）核聚变反应之后，释放出了等同于所减少质量的能量，这个能量就是"光"。从这一点来

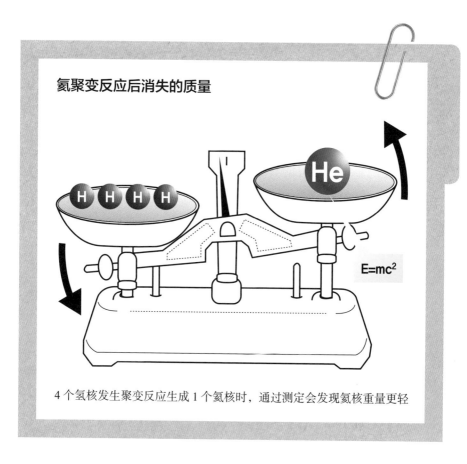

**氦聚变反应后消失的质量**

$E=mc^2$

4 个氢核发生聚变反应生成 1 个氦核时，通过测定会发现氦核重量更轻

看，星体相当于巨大的核聚变电站。

地球生命体所需的阳光、太阳照射地球的光线都是由原子质量转化出来的能量。太阳每秒钟向宇宙释放 $4 \times 10^{26}$ 焦耳（J）的能量。按照爱因斯坦的公式计算，这一能量是由每秒 6 亿吨的氢融合为氦时生成的。6 亿吨！多么巨大的一个数字！

不过，在星体内部由核聚变生成的氦核量与现在宇宙里存在的氦量相比根本不可同日而语。在宇宙现有的所有物质中，氢约占 75%，氦约占 24%。那么，该如何解释这么大量的氦来自哪里呢?

如果不是宇宙初期以高温、高密度的状态存在，那么现在的宇宙也不可能有如此大量的氦。由此推论可知，由于宇宙大爆炸，宇宙初期的状态与星体内部状态一致。因此，可以说现在宇宙中氦占有较高比例这一事实可以作为宇宙开始于宇宙大爆炸的又一有力证据。

在地球上发生的几乎所有自然现象、能量的根源都是"太阳"。根据核聚变原理生成的、从太阳照射到地球的光，通过植物的光合作用使地球上几乎所有的生命体得以生存，同时也成为造就地球天气和气候的原因。如果没有太阳，我们就无法生存。因此人类世界产生了相当多崇拜太阳、将其奉为神的文化圈。除了太阳外的其他发光的星体将夜空装点得非常美丽，这给人类带来了灵感。人们给每个季节出现在同一位置的星座编写了神话和传说，并创作出了美妙的故事。"核聚变"生成的光不仅赋予人类生命，而且给人类带来了温暖的感受。

## 元素的故乡——星体

137 亿年的宇宙历史其实就是星体生成元素的历史。气体和尘埃广泛分布于直径为数十、数百光年的巨大原始

博蒂切利的《维纳斯的诞生》：在滑动的泡沫中浮水而出的维纳斯姿态优美，不由得让人联想到在"宇宙气泡"中诞生的星体

银河的气体云之中，不停地、活跃地运动，并交融在一起。仿佛暴风雨交织时拍击海边防波堤形成的波涛泡沫，又好像博蒂切利作品中维纳斯诞生时的大海泡沫，就这样星体在原始银河的"气泡"中诞生了。

伴随着引力坍缩，气体分子们发生强烈碰撞，中心温度在极短时间内迅速上升，达到约 1000 万 K。如果星云

**角动量守恒定律**
角动量是旋转物体的运动量。比如，花样滑冰选手在旋转时，蜷缩身体则会加快旋转速度。这是因为在不加入外力的情况下，角动量是守恒的。旋转的物体靠近旋转轴时，速度变快，角动量才得以守恒。

**辐射压**
是指核聚变发光，等效对外施加的力。

中心质量大于太阳质量的 8% 且温度到达 1000 万 K 的话，就会发生氢核聚变反应，最终变为恒星，并发出光芒。如果质量小，温度没有到达可以发生氢核聚变的程度，则不会成为恒星。因此，我们在宇宙中发现的恒星质量至少是太阳质量的 8%。太阳系的行星之中，虽然木星最大，但是其质量要比现在大 100 倍，才能够成为像太阳这样的星体（恒星）。

燃烧的气团——"星体"由于其内部的辐射压，也会迅速膨胀，发生爆炸。如果引力与辐射压实现平衡，那么就会进入安全期。一旦安全期结束，就会立刻发出强烈的光，并连续发生爆炸。现在也有无数星体正在发生爆炸。星体有各种各样的消亡方式：逐渐膨胀衰变的行星状星云，高密度中子凝结而成的中子星，还有如同爆炸一般发出夺目光芒之后孤独消亡的超新星。星体们在消亡时，向宇宙释放出大量元素。最初的宇宙由氢和氦构成（准确来说是夸克和轻子），经过星体们的消亡充满了各种元素。现在让我们一起研究，星体是如何产生各种各样的元素的。

星体的未来取决于星体最初的质量。质量越大的星体引力越大。受到引力的影响，星体倘若不想被挤压变形，其内部必须达到高温，且辐射压要足够大。内部温度高，则氢消耗快，最后会变为明亮的星体。那么结论就是，质量越大的星体越明亮，但是其寿命也较短，消亡较快。

与太阳质量相当的轻型星体的"一生"则较为单纯和平坦。因为它的质量逐渐减少，所以寿命很长。例如，太阳的寿命约为 100 亿年。作为燃料的氢被用完之后，不能再进行核聚变的星体中心出现引力坍缩。受反作用影响，外围部分膨胀，同时温度降低。与最初的大小相比，膨胀变大数百倍的状态被称为"红巨星"阶段。

由于氢消失殆尽，所以星体开始寻找替代氢的其他燃料。如果星体内部温度达到约 1 亿 K，那么它就开始尝试进行由氢核聚变的产物——氦核生成碳核的新核聚变。最终，生成比氢和氦都复杂的元素——碳。另外，在这个过程中，还生成了少量的氧。与太阳质量相仿的轻型星体想要实现燃烧氦、生成碳则较为受限。如果氦全部用尽并积累一定数量的碳的话，这个星体就不会再发光，红巨星阶段也随之结束。

从现在开始进入新的阶段。星体内部剩余物质凝缩为地球大小，处于高密度状态。此时星体的气体壳层以薄层的形态与核分离，膨胀之后冷却，这个阶段叫作"行星

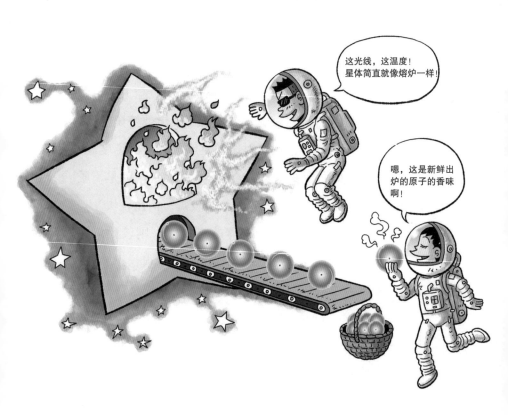

状星云"。星体失去壳层之后,它的核以高温、高密度星
体的状态出现,到达这一状态的星体叫作"白矮星",此
时的星体从照片来看是发出蓝光的白点。

由于核聚变的原料——氢和氦均已用完,在白矮星上
不会再发生核聚变。因无法再生成能量,温度随之逐渐降
低(即使如此温度也有数万 K 之高)。最终,星核受引力
影响,衰变的同时逐渐萎缩变小,成为密度非常高的状
态。凝结为地球大小,质量约为太阳一半的星体。白矮星
持续降温,最后不再发光,成为"黑矮星"。据说,要成
为完全冷却的黑矮星,需要大概 1000 亿年。现在宇宙的

年龄是137亿年，因此尚未发现黑矮星。

虽然白矮星没有可以再进行燃烧的物质，但是会以相当稳定的状态在很长一段时间内释放热量，稳定地凝聚在一起令密度变大，同时引力也随之变大。那么白矮星如何维持大小和形态呢？

有一种力量能够阻止白矮星衰变。这种力量被称为电子简并压力，这个词看起来晦涩难懂，让人望而生畏，其实并不是那么难以理解。这一力量的产生依据是一个以上的电子无法共存于同一位置的泡利不相容原理。星体们在狭小空间收缩的同时，电子们依次将空间填满。这时，依据泡利不相容原理，电子们拥有的能量各不相同。假如有的电子具有较低的能量，那么其余的电子只有具备较高的能量才能够共存。电子数量越多，不同状态的能量即具有高能量的电子越多，压力也随之变大。因此，这一力量成为能与引力进行有效抗衡的强力，依靠电子简并压力，白矮星才得以维持自己的形态。

但是，电子简并压力也有极限。印度的天体物理学家钱德拉塞卡计算得出，电子简并压力可以抗衡引力收缩的最大质量约为太阳的1.44倍。这被称为"钱德拉塞卡极限质量"。

成为白矮星之前，在接近消亡的星体中心的外侧，壳层气体向宇宙空间的各个方向蔓延扩散，与此同时形成气体云。相当于红巨星"尸体"的气体云发射中心（白矮星）射出的光，发出像霓虹灯一样美丽的光彩。气体云虽然看起来像优雅贝类，可以变成各种美好的形态，但是最初发现它时，还处于望远镜性能不佳的时代，看上去十分朦胧、如同圆形的行星，因此被称为行星状星

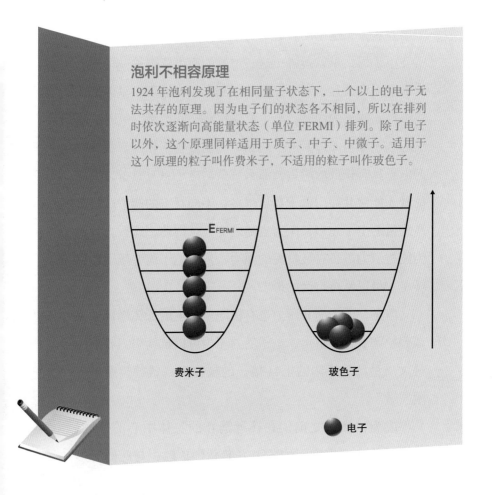

**泡利不相容原理**

1924 年泡利发现了在相同量子状态下，一个以上的电子无法共存的原理。因为电子们的状态各不相同，所以在排列时依次逐渐向高能量状态（单位 FERMI）排列。除了电子以外，这个原理同样适用于质子、中子、中微子。适用于这个原理的粒子叫作费米子，不适用的粒子叫作玻色子。

$E_{FERMI}$

费米子　　　　　　　　玻色子

● 电子

云（它实际上与行星完全无关，笔者认为这一名称并不恰当）。

迄今为止，在我们的银河里，被发现的行星状星云有3000余个。大部分行星状星云展现着迷人的形态。但是，在地球上观测行星状星云十分困难，因为它们看上去像是模糊的、淡淡的斑点。1764年，法国天文学家查尔斯·梅西耶发现了其中的一个，位于狐狸座附近的哑铃星云（M27）。除此之外，还发现了天琴座的环状星云（M57）、大熊座的夜枭星云（M97）等。星云等同于正在消亡的星体的表皮，但是它向宇宙空间释放自身元素的样子相当梦幻迷人。

梅西耶使用自己姓名的首字母M和数字为他发现的天体逐一命名。他在1774年出版了从M1到M45的银河、星云、星团等的天体列表。这些天体被称为梅西耶天体（Messier Object）。

之后，经过多位观测者的追加，梅西耶天体增加到110个。后

**钱德拉塞卡极限质量**

1935年，"星体们发光，将燃料耗尽，最终成为白矮星"的说法是天文学界的通论。但是钱德拉塞卡认为，具有一定程度以上质量的白矮星，受自身引力作用会引发衰变，发生爆炸，随后消失。他通过数学方式证明，这一质量的上限约为太阳的1.44倍。我们称之为"钱德拉塞卡极限质量"。小于这一质量的星体成为白矮星，大于这一质量的星体成为"黑洞"。

1764 年，法国天文学家查尔斯·梅西耶发现了哑铃星云（M27），在狐狸座附近可以观测到

　构成物质的元素从哪里来

来甚至出现了名为梅西耶马拉松的活动，即众多天文爱好者一起观测梅西耶天体。

## 超新星爆炸生成的元素

1054 年，中国有相关记录称，观测到原本黑暗、看不清的星体突然变得非常明亮，即使在白天也可以看到，这一现象有的时候甚至长达一月之久。

1572 年的某一天，第谷·布拉赫在从实验室回家的途中观察仙后座，这个星座平时有五颗星亮度

**梅西耶马拉松**
一个晚上的时间，在 110个梅西耶天体中，看谁能观测到的天体最多。这既是业余天文爱好者的一种活动，也是一项比赛。

相似，但是当天他发现有一颗星比这五颗星更亮。这颗星发出相当明亮的光，几乎与整个银河的光相差无几。这颗星的突然出现是一个奇异事件，因为当时人们深信天界是神的世界，与地上世界不同，是永恒不变的。因此，这颗陌生星星的出现可谓是一件极有冲击性的事件。新星的诞生暗示着神的领域不再是一成不变的存在。这颗星固定在一个位置不动，并且很长一段时间都存在于视野之中。大约 18 个月之后，非常明亮的这颗星才逐渐变得朦胧，期间布拉赫详细地记录了这颗星的位置、闪光、颜色，并以

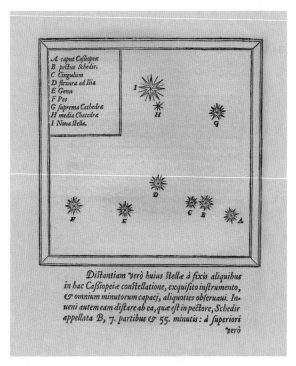

Diſtantiam verò huius Stellæ à fixis aliquibus in hac Caſſiopeiæ conſtellatione, exquiſito inſtrumento, & omnium minutorum capacj, aliquoties obſeruaui. Inueni autem eam diſtare ab ea, quæ eſt in pectore, Schedir appellata B, 7. partibus & 55. minutis: à superiori verò

布拉赫观测和记录的新星，现在叫作第谷星（SN1572）

此观测记录为基础撰写了《新星》一书。布拉赫将这颗星命名为新星。

　　布拉赫的学生开普勒也观测到了类似的星体，并为了解这颗新星的真实面貌付出了诸多努力。但是直到20世纪他们所观测到的现象才被阐明究竟是什么，至此才得以摆脱宗教性、政治性、占星术的解释，能够进行科学性的说明。科学界得出结论，认为这一现象是一个星体消亡过

钱德拉望远镜拍摄到的第谷星（SN1572）X 射线影像

程中的现象之一。与布拉赫命名的"新星"不同，其实是"消亡之星"的状态。1931年，巴德和兹威基把这一天体命名为"超新星"。

超新星爆炸是与白矮星不同的另一种星体消亡方式。超新星爆炸是比太阳质量大的星体在进化的最后阶段发出强光的现象。引发超新星爆炸的星体在短短几天之内释放出等同于太阳100亿年释放的能量，然后变成中子星。因为它是平时亮度的100万倍，所以即使在白天也可以观测到。

超新星大体可以分为Ⅰ型和Ⅱ型。根本性的划分标准是光谱中氢的吸收线。第Ⅱ型的光谱中有强烈的氢的吸收线，而第Ⅰ型没有。由此可以推测，第Ⅰ型超新星是将氢全部燃烧的星体。

星体发出光，融合较轻的元素，合成质量大的元素，同时也释放出能量。引力坍缩能够提供核聚变反应的初期热能。伴随引力坍缩，星体的质量越大，中心温度越高，合成的元素也越重。

与太阳质量相似的星体，完成从氢到碳（还有少量氧）的核聚变之后，不再发生变化，然而质量相当大的星体则可以生成像铁和镍这一类非常重的元素。只有质量比太阳大的星体才能合成为人类诞生做贡献的重要元素。这些质量大的星体的作用是，生成质量大的元素，并通过超新星爆炸将这些元素返还给宇宙。另外，超新星爆炸还有启动冲击波生成新星体的作用。不过，像这样能够为人类和宇宙的演变做出重大贡献、质量足够大的星体并不多。

第Ⅱ型超新星是质量比太阳大 10 倍以上的大型星体。这一规模的星体有条不紊地遵循正常的演变过程。这类星体的中心温度非常高，因此可以以极快的速度进行氢和氦的核聚变。等材料用尽，则进行下一项——燃烧碳、生成氧。等碳耗尽，星体则只能进行剧烈的引力坍缩。此后，星体中心温度再次升高，在短暂的数秒之内开始前所未有的完全不同的新的核聚变。氢变为氦，氦变为碳，碳变为镁、氖、氧。然后进入最后阶段，氧变为硅、磷、硫，而硅和硫变为氩、钙、钛、铬、铁。每个阶段燃烧产生的灰烬重新成为燃料，而产生的新灰烬又再次成为新燃料，这一过程不断重复。星体外表面是质量小的元素，越靠近中心，元素的质量越大，形成像洋葱一样的结构。每一层都各自生成比现在更重更稳定的元素。但是，却没有出现比铁质量大的元素的核聚变。

在星体发生的核聚变得到的最终元素是铁（铁在宇宙中的含量位列第六名）。以铁的合成作为结束，星核中心停止反应，但是为了与仍在进行反应的外表层保持压力平衡，需要向中心引入气体，最终中心核超过钱德拉塞卡极限，导致引力坍缩。在比太阳质量大的星体核里合成铁，则无法再生成能够抵消引力的能量。这样一来，瞬间就会自行坍缩。由于引力坍缩，中心温度超过 100 亿 K，这个温度一定会把铁的原子核重新粉碎为氦原子。这是费尽心力搭建的高塔顷刻坍塌的瞬间。这时会发生电子和质子变为中子的 β 衰变，并且由弱力戏剧化地生成中微子。第 Ⅱ 型超新星中心核崩溃生成中子星，此时能够观测到生成的巨大能量释放出中微子的过程。这时，密度甚至高达一勺 10 吨。这一切的发生连 1 秒钟都不到，即眨眼之间发生了坍缩。

在突发的引力坍缩下，会出现爆发性反作用，形成强烈的冲击波，冲击波仅用几个小时就传到星体壳层，清空一切。伴随着激烈的爆炸，冲击波以每秒 10 万公里的速度将质量为太阳数倍的大量物质推送至宇宙空间，这就是第 Ⅱ 型超新星爆炸！一颗 Ⅱ 型超新星在爆炸的瞬间发出的强光与整个银河的亮度相当。虽然这个强光号称相当于数亿个太阳的光，但是它仅仅占超新星爆炸生成的所有能量的 1% 而已。

超新星爆发的另一种类型是 Ⅰa 型超新星爆炸，这种

## 质量大于太阳的星体内部

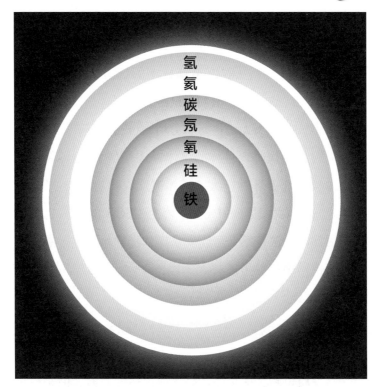

氢
氦
碳
氖
氧
硅
铁

质量大于太阳的大型星体通过核聚变生成元素的壳层剖面图

爆炸与质量大体等同于太阳的星体有关。不过质量与太阳相近的星体竟然会像超新星一样发生强烈爆炸实在出人意料，所以说Ⅰa型超新星爆炸真是不可思议。我们可以把Ⅰa型超新星爆炸解释为两颗相伴的星星的相互作用。在这两颗星中，一颗消亡后变为白矮星的话，气体会向另一颗星移动，在这个过程中会发生爆炸。

假设在白矮星附近有一颗星，它像红巨星一样释放出许多物质。这时，从红巨星释放出的物质会被拉向白矮星，白矮星的质量随之增加。最终，白矮星的质量接近钱德拉塞卡极限，当无法再与引力坍缩抗衡时，就会发生衰变，同时出现爆炸。这样的星体爆炸就是 Ⅰa 型超新星爆炸。这类爆炸破坏性极大，星体被炸成碎块、飞散四处，甚至连能够发生质子-中子 β 衰变（EC）的星核也没留下。因此，无法像第Ⅱ型超新星爆炸那样生成中子星，也不会释放出中性粒子。

## 星体的核合成，为什么止步于铁元素？

虽说质量越大的星体能够生成更多的元素，但是核聚变无法生成宇宙中的所有元素。星体核合成能够生成的质量最大的元素是铁（Fe）。比它质量更大的元素无法通过自然的星体核合成生成。星体核合成为什么止步于铁呢？

因为铁具有最稳定的原子核。具体来说，稳定的原子核是结合能大的原子核。核聚变是像氢、氦这样较轻的原子，通过核聚变变为比结合能大、稳定的原子核的过程。

结合能是什么？我们其实已经了解了这个概念。结合能与"质量—能量等效性"一脉相通。核聚变过程中，出现的总质量比聚变前变小的现象，我们通过"质量—能量等效性"得以理解。由于质量和能量本质相同，所以会释放出相当于所减少质量的能量。此时，释放出的能量被称为结合能。核聚变过程中，质量亏损越大，则释放出的能量越大。出现这一现象的原因是原子受强核力作用，引发核聚变。核子结合能大的原子核是由强核力紧密凝聚在一起的核，是相当稳定的核。强核力只有在距离足够近时才能发挥作用，在核外感受不到核力。因此，只有在一定范围内，小原子核才能够更有效地变换为大原子核。在氢或氦等非常轻的元素里，质量越大，比结合能越大。而最稳定的元素——铁，具有最大的比结合能。

比铁的原子核质量大的原子核，质子之间的电磁作用力变大，比结合能反而变小。质量大的元素分为两个质量小的元素会更加稳定，因此可以实现"核裂变"。比铁质量大的铀（U）或镭（Ra）的原子核就是通过核裂变释放能量，变为更稳定的铁。

总之，核聚变也好，核裂变也好，核反应的终点是原子核最稳定的"铁"。比铁质量小的元素，通

**比结合能**
也叫作原子核平均每核子的结合能。将结合能按照质子和中子的总核子数平分得出的数值。

## 原子的比结合能

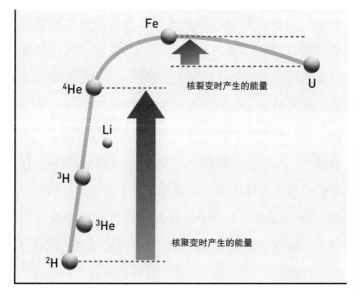

因为铁原子的比结合能最大，所以是核子们结合最为紧密的原子。图中，在铁以左的元素通过核聚变反应释放能量，铁以右的元素通过核分裂释放能量

过核聚变成为铁；比铁质量大的元素，通过核裂变成为铁。所以，按照氢、氦、锂的顺序有条不紊演变的星体，其核聚变的终点同样也是"铁"。

# 生成比铁质量大的元素

比铁质量大的元素到底是如何生成的呢？正常状态下，不会生成比铁质量大的元素。生成氦时，减少的质量转化为能量释放出来。与此相反，要生成比铁质量大的铀、镭，反而需要能量。换言之，合成比铁质量大的元素的过程，不是释放能量，而是吸收能量。那么，在怎样的条件下，能够吸收能量生成比铁质量大的元素呢？

在自然状态下，尽管中子极少，但是在超新星爆炸时，能量密度很大，可以生成大量的中子。此时具备了合成质量大的元素的最佳条件。大量生成的中子猛烈撞击已有的原子核进行融合。中子过剩的原子核是不稳定的核。不稳定的核是生成比铁质量大的元素原子核的基础。中子变换为质子，爆炸时生成的大量且不稳定的核随之变为银、金、铀等各种元素的原子。这是因为中子不携带电荷，可以轻而易举地与原子核结合。经过这一过程，能够生成比铁质量大的元素，尤其是丰中子核素。像银、金、白金等被用作奢侈品的漂亮元素，它们诞生于如地狱般的超新星爆炸之中；像铀这种质量大、稳定的原子也诞生于这个过程。超新星爆炸产生的绝大部分能量以中微子的形态释放，然而只有其中百分之一被用于合成新原子核，所以，可以说超新星爆炸确实是超乎想象的壮观。虽然超新

1998 年拍摄于土耳其南面的地中海，夜空中闪耀的超新星（SN1006）。虽然不像宇宙望远镜拍摄的照片那样华丽，但却是在地球上可以用肉眼看到的超新星的模样

星的一生非常短暂，但是在它们"怀抱"中生成的大质量原子们遍布整个宇宙，所以超新星相当于大质量元素的"子宫"。

在我们的银河中，2012 年开普勒超新星（SN1604）

成为最后一个被发现的超新星，但是通过研究超新星的残骸可以得知，银河中每个世纪平均发生三次超新星爆炸。超新星对于星际介质中质量大的元素增多起决定性作用。

超新星不仅是解开宇宙演变的重要钥匙，而且是质量大元素的发源地，因此具有重要意义。超新星爆炸的瞬间，生成比铁质量大的原子，这些原子被送到全宇宙。送到宇宙各处的原子成为组成其他星体的原料。受到氢或氦的引力作用聚集在一起，数亿年后形成星体。之后的星体又会出现消亡。星体的爆炸不断重复进行，星体的碎片游走于广阔的宇宙，相互聚集。最后，太阳和地球诞生了。因为星体内部长时间保持高温、高密度，所以核聚变也持续进行，不断生成氧、碳、氖等各种元素。我们认为太阳系也是由经过几次超新星爆炸生成的原子构成的，铁虽然在太阳中无法合成，但是在地球上却非常丰富，也正是这个原因。这样生成的各种元素成为生命诞生的材料。

构成我们生命的一个个元素突破几乎不可能的概率，偶然地诞生了。这些元素来自广袤宇宙中的无数星星，经过久远的时间和遥远的距离，传承给我们。我们身体里的每个细胞都刻有137亿年历史的痕迹。因此，我们的故乡是星体（恒星），我们是星体的后裔。

被称为"创生之柱"的鹰星云。仿佛是在洞穴地上冒出的石笋一般的柱子，由星际间的氢气和尘埃构成，它们是诞生新星的孵化箱

# 钱德拉塞卡与埃丁顿

出生于印度的钱德拉塞卡从十多岁开始像读小说一样阅读物理书籍里的方程式。他20岁去剑桥大学留学时，在去往英国的船上用数学计算出了白矮星的命运。但是，很快他就与他的宿敌遭遇了，他的宿敌倾其一生对钱德拉塞卡的理论进行诽谤，这个人就是当时的最高权威、52岁的亚瑟·埃丁顿爵士。亚瑟·埃丁顿爵士已经完成了星体质量和亮度的相关理论，并于1919年去非洲附近的普林西比岛，进行了实证爱因斯坦相对论的探险。他因此获得盛誉，是当时天体物理学巨匠。殖民地出身的年轻科学研究者认为质量大于太阳1.4倍的大型星体最终不是成为白矮星，而有另外的消亡方式，并以数学方式暗示黑洞的存在。对此，英国出身的埃丁顿公开进行了嘲讽和贬低。所以，钱德拉塞卡的主张在很长一段时间内未被

钱德拉塞卡（左）不顾埃丁顿（右）的嘲讽，坚持了自己的研究，最终获得了埃丁顿未曾获得的诺贝尔奖

认可。

但是，钱德拉塞卡的理论在第二次世界大战和冷战时期进行核武器开发的过程中重获关注。科学家们借鉴星体爆炸，研究出了核炸弹的原理。进入 20 世纪 60 年代，天体物理学家们发现了宇宙中数百万个黑洞的存在。经过了 50 余年，钱德拉塞卡的理论终于被正式认可。1983 年，钱德拉塞卡被授予诺贝尔奖。1999 年，为了纪念钱德拉塞卡的贡献，向宇宙发射了由他的名字命名的钱德拉 X 射线天文台卫星。

# 物质的基本结构

构成世界万物的物质都是由元素组合而成。所有生命体，包括人类也不例外。

那么，构成我们身体的物质，即构成物质的基本元素来自何处呢？

我们已经了解这些元素来自宇宙，诞生于"大爆炸"生成的宇宙之中。目前，元素依然还在宇宙的某处生成着。构成生命的每个元素都形成于历史悠久的宇宙，它们跨越137亿年浩瀚渺远的时空，来到我们身边。即使说"在我们的身体中，镌刻着宇宙的历史"也不为过。我们不由得好奇，构成万物的基本原子是什么样的，具有怎样的性质。那么，现在让我们开始了解一下，构成物质的基本元素——粒子的结构吧！

## 原子与元素

　　宇宙是由什么构成的？为了解开谜底，我们必须要去宇宙吗？大可不必如此。仰望夜空，我们能看到宇宙的一角。光让都市变得绚烂，夜空虽然因此不易被看到，但是我们还能观察到夜空中无数的星斗。这些天体构成了宇宙。因为它们也是由元素构成，所以即使不深入宇宙，我们也能找到了解宇宙的方法。因为地球是宇宙的一部分，所以了解地球上的元素可以"窥斑见豹"。

　　现在让我们了解一下宇宙诞生的入门知识吧。

## 构成人体的元素

构成人体的元素通过食物进入人体。因为食物被人体消化吸收成为人体的一部分，所以食物的摄取极为重要。在构成世界的百余种元素中，构成人体的元素是其中的 25 种。25 种元素之中，碳、氢、氧、氮、磷这五大基本元素对生命起着至关重要的作用。碳、氢、氧是碳水化合物和蛋白质的构成元素，氮在碳、氢、氧形成蛋白质的过程中起着不可或缺的作用。另外，磷作为构成DNA的元素，是与碳、氢、氧、氮一起构成生命体的第五大元素。构成人体的 25 种元素中，主要的 11 种元素构成比例（质量比）如下：

构成人体元素的质量比（包括水）

| 化学符号 | 元素 | 质量比（%） |
|---|---|---|
| O | 氧 | 65.0 |
| C | 碳 | 18.5 |
| H | 氢 | 9.5 |
| N | 氮 | 3.3 |
| Ca | 钙 | 1.5 |
| P | 磷 | 1.0 |
| K | 钾 | 0.4 |
| S | 硫 | 0.3 |
| Na | 钠 | 0.2 |
| Cl | 氯 | 0.2 |
| Mg | 镁 | 0.1 |

如果说人体由 25 种元素中的上述 11 种元素构成也并不夸张。表中没有列出的其他 14 种元素是：硼、铬、钴、铜、氟、碘、铁、锰、钼、硒、硅、锡、钒、锌，这些元素只占人体构成比例的 0.01% 以下。

**水分子图**

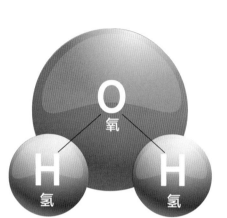

水分子由两种元素构成，共三个原子。原子是指能够计算个数的各种粒子，而元素是指原子的种类

　　首先，我们有必要区分一下元素和原子。两者发音相似，乍一看也很相近，但是它们有本质的不同。原子是指一个一个的粒子，元素是指具有相同化学性质的原子集合。原子和元素的根本区别是，原子是能够计算个数的粒子，而元素是指原子的种类。以水分子（$H_2O$）为例，一个水分子由三个原子（两个氢原子和一个氧原子）、两类元素（氢元素和氧元素）构成。

# 原子的结构

对原子的认识，长久以来道尔顿的"原子说"占据主导地位。道尔顿认为"物质由不能再分割的原子构成"。1897 年，汤姆逊发现了电子，因此动摇了原子是不可再分割的基本粒子的观点。不过，对原子构造的研究也不是一蹴而就的事情。伴随着放射线的发现等科学技术的发展和无数科学家的努力，原子构造的面纱也逐渐被揭开。

根据目前的研究可知，原子由带正电荷（＋）的原子核，和在其周围高速运转的带负电荷（－）的电子构成。原子核位于原子中心，由带正电荷的质子和不带电荷的中子构成。因为原子核的正电荷量与分布其周围的电子的负电荷量相当，所以原子是中性的，不带电荷。

# 原子量与原子序数

原子是十分微小的粒子。因为非常小，不仅肉眼看不到，而且使用一般的光学显微镜也看不到。它的质量也很小，不易测量。一个氢原子的质量是 $1.68 \times 10^{-24}$ 克，一个氧原子的质量是 $2.66 \times 10^{-23}$ 克。科学家苦于如何更简便地标示原子的质量。那么，如何才能最有效率地标示原子的质量呢？

原子

原子核

质子

中子

电子

夸克

你说铅笔芯里含有上面的这些粒子吗？

不仅铅笔，就连我们的身体里也有上面的这些粒子。

感觉怪怪的……

比如说，A 同学有十个白色小球，B 同学有十个黑色小球。A 的白球总质量为 200 克，B 的黑球总质量为 1 600 克，两种小球的质量比是多少呢？小球的数量相同的话，两种小球的质量比就是 1:8（白球 : 黑球），即黑球质量是白球的八倍。也就是说，假如一个白球的质量为 1 克的话，那么一个黑球的质量就是 8 克。如果一个白球的质量是 3 克的话，那么一个黑球的质量就是 24 克。

　　科学家们用这种方式，标示肉眼看不到的原子的质量。以特定原子的质量作为标准，然后根据标准原子的质量得出其他原子质量的相对值，以此来标示原子的质量。现在以碳原子（$^{12}$C）为标准，把它的质量定为 12.00。相对碳原子质量的值被称为"原子量"。因为这个原子量不是核素的绝对质量，而是相对的数值，所以没有单位。比如，氧原子的原子量以碳原子为标准来计算的话，它的相对质量是 16。

## 同位素

同一元素的原子具有数量相同的质子。不过，某些质子数相同的同种元素，中子数可能不同，因而其原子量也不相同。人们把这种元素称为同位素。由于元素的化学性质取决于质子数和电子数，所以同位素的化学性质是相同的。

　　就像我们有时会很难区分同卵双胞胎一样，元素的世界中，也存在着化学性质相同、原子量不同的"同卵双胞胎"。它们是原子序数相同但质量不同的"同位素"。因为人体也是自然的一部分，在自然界中存在的同位素和同卵双胞胎有着一脉相通的道理。

　　氧在自然界中有三种同位素。其中原子量是 16.00 的 $^{16}$O 占 99.759%，原子量是 17.00 的 $^{17}$O 占

0.037%，原子量是 18.00 的 $^{18}O$ 占 0.204%。计算氧的原子量时，结合它们所占比例取平均值。因此，氧的同位素的平均原子量是 16.00，在元素周期表中所标示的原子量也是平均原子量。

$$\frac{16×99.759+17×0.037+18×0.204}{100}=16.00$$

我们在学校会使用姓名和学号。升入新学年，学号的排序也有一定规则。按照学生姓名的拼音顺序，或按照身高，或按照生日顺序排列学号。总之，都是按照一定规则排列的。因此，各元素不仅有名字，也有"学号"。那么，排列原子序数的依据是什么呢？

人们都有腿、胳膊、眼睛、鼻子、嘴巴、耳朵，具有同种身体特征的生命体可以归为人类，但由于每个人的遗传基因各不相同，所以性格也千差万别。除氢以外，所有的元素都由质子、中子、电子构成，但各个元素的性质不

## 为什么以碳作为原子量的标准？

1805 年，道尔顿以最轻的氢作为原子量的标准测量其他原子的相对质量，想在水（$H_2O$）和氨（$NH_3$）中测定氧（O）和氮（N）的原子量。他假定水的化学式为 HO，氨的化学式为 NH，得出氧的原子量是 8（实际是 16），氮的原子量是 5（实际是 14）。氢与其他元素结合时，不知道它们的结合比例，所以他的测定结果是错误的。同时代的贝采利乌斯按照道尔顿的原子量标准测定原子量时，发现和氢结合的化合物并不多，认为实用性不足，于是开始关注可以与大量元素比较容易结合的氧。他把原子量的标准换成了氧，设定其原子量为 100。但是，随着更多元素以及氧的三个同位素被发现，又引发了不知该以哪一个氧元素作为标准的混乱。物理学界用丰度比最大的氧元素（$^{16}O$）为标准测算原子量，化学界用氧的三个同位素的平均值为标准测量原子量，两者之间存在误差（0.027%）。由于两种原子量不同极为不便，要求使用统一标准值。两个学术界以碳（$^{12}C$）为标准进行测量时，误差（0.0043%）缩小，因此化学界采纳了物理学界的观点，以碳作为原子量的标准。

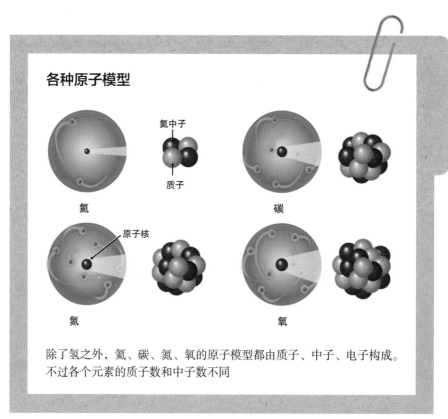

**各种原子模型**

氦中子

质子

氦

碳

原子核

氮

氧

除了氢之外，氦、碳、氮、氧的原子模型都由质子、中子、电子构成。
不过各个元素的质子数和中子数不同

同，这是因为构成各元素的质子、电子以及中子的个数
不同。

　　元素的化学性质取决于电子的个数。电子数取决于构
成中性原子原子核的质子数。中性原子的质子数和电子数
相同。但是，在化学反应过程中，由于其他原子会失去、
夺取或共有电子，所以电子数和质子数并不总是相同。因
为质子数决定元素的固有特征，所以原子序数以质子数为
标准。

## 原子序数 = 质子数 = 中性原子的电子数

比如，碳的质子数是 6，碳的原子序数也是 6。碳元素的原子符号标示如下：

$$^{12}_{6}\text{C}$$

C ：元素符号
12 ：质量数（质子数＋中子数）
6 ：原子序数

## 质量数和原子量的关系

原子中心有核，周围有电子在高速运转。原子核又可分为质子和中子，携带正电荷。质子和中子的质量几乎相同，电子的质量仅是质子的 1/1836，质量很小。因此，原子的质量取决于原子核，也就是说原子的质量数是其质子数与中子数之和。

原子核和电子的质量

| 构成粒子 | | 实际质量（kg） | 相对质量 | 相关特性 |
|---|---|---|---|---|
| 原子核 | 质子 | $1.673 \times 10^{-27}$ | 1836 | 原子序数 |
| | 中子 | $1.676 \times 10^{-27}$ | 1838 | 原子量，同位素 |
| 电子 | | $9.107 \times 10^{-31}$ | 1 | 化学特性 |

质子和中子的质量几乎相同，电子的质量与质子或中子相比，可以忽略不计。
原子量和质量数非常相似。原子量和质量数存在差异是考虑到存在同位素，选择使用平均原子量的原因。因此，原子量不是常数，但质量数是常数。

# 基本粒子与基本相互作用

现在我们知道，物质是由原子构成的，原子由原子核和电子构成，原子核又由质子和中子构成。那么，质子和中子还能再分割吗？如果可以再分割的话，应该怎么分割呢？

我们回顾一下卢瑟福是怎样发现原子核的。让飞速运转、具有高能量的阿尔法粒子接触其他粒子，并以此了解该粒子的构成成分。换句话说，让其他粒子高速撞击想要分割的目标粒子，就能将其分割。因此，科学家认为用比阿尔法粒子更快更高能量的粒子撞击质子或中子的话，就能得到更小的粒子。那么只要解决使粒子高速运转的技术就可以了。粒子加速器便是让粒子加速运动，使其具有高运动能量的装置。使用电场或磁场可以让带电荷的质子和电子等粒子加速。粒子加速器就是通过这种原理，持续使粒子加速，让粒子的速度增加到光速的 99.99%。

以目前的技术，科学家发现了我们已知的物质即宇宙是由直接构成万物的粒子和传递力的粒子构成的。使用粒子加速器，能够把构成万物的粒子分割成"夸克"和"轻子"。其中，夸克可以构成质子或中子等核子，而轻子则不能。目前科学家发现了 6 种夸克和 6 种轻子，以及 4 种传递力的粒子。

六种夸克中，u-夸克和d-夸克需要予以特别关注，因为它们是构成原子核中的质子和中子的成分。质子由两个u-夸克和一个d-夸克构成，中子由一个u-夸克和两个d-夸克组成。一个质子有+e电荷量，中子是中性，即电荷量是0。我们以此为基础，粗略计算就可以得出u-夸克和d-夸克的电荷量。对！u-夸克带有$+\frac{2}{3}$e的电荷量，d-夸克带有$-\frac{1}{3}$e的电荷量

夸克的名字有什么故事呢？这个发音奇怪又别扭的名字是由美国物理学家盖尔曼和茨威格命名的。夸克出自詹姆斯·乔伊斯的小说《芬尼根的守灵夜》中的如下章节：

> 向马克三呼夸克！
> 当然他没有像样的帆船
> 即使有的都是些荒诞不经
> 的东西。

这里的夸克原来是指海鸥嘈杂乱叫的声音。是向马克连叫三声吗？人们对此颇感费解。因为夸克这个单词是实践能力出众的詹姆斯·乔伊斯变形创造出的新词。为了和Mark以及后文的bark押韵，乔伊斯把表示液体单位的"夸脱"最后一个字母"t"改成了"k"，进而意译为"向马克敬三杯"，这其实是向小说中的人物马克劝酒的场面。虽然对一般人来说是十分平常的语句，但当时在研究基本粒子的盖尔曼大概认为，将夸克作为三类基本粒子之一的名字十分恰当。看来物理学家也有不逊于小说家的才智。

那么，六种夸克的奇怪名字是怎么来的呢？起初只发现了两种夸克的时候，科学家只简单地命名为"上夸克（up quark）"和"下夸克（down quark）"。第三种夸克的名字被叫作"奇夸克（strange quark）"，是因为它的寿命比上夸克和下夸克要长很多。奇夸克名字中的 s 有"边（side）"的意思，物理学家当初也把它们称作"边夸克"。后来预示了第四种夸克的存在，它的发现着实是一件有魅力的事，因此命名为"粲夸克"。c-夸克于 1974 年被斯坦福线性加速器中心（SLAC）和布鲁克黑文国家实验室（BNL）同时发现。

另外两种夸克的发现，是在认识到夸克是成对出现之后的事情了。并且这两种夸克与最先被发现的 u-夸克和 d-夸克的性质相似，所以科学家将它们命名为顶夸克（top quark）和底夸克（bottom quark）。有时也称它们为"真夸克（truth quark）"和"美夸克（beauty quark）"，不过大多数科学家不太喜欢这两个名字。"真实"和"美丽"的名字确实有些不可捉摸、矫揉造作。

接下来，大家可能会对"轻子"名称的由来感到好奇吧。不过，轻子名称来源的故事不如夸克的故事那么有趣，也许会让人感到有点失望也未可知。顾名思义，"轻子"就是小而轻的意思，出自希腊语 λεπτος。在质量多少有点大的陶子被发现之前，电子和缪子的质量十分小，由此取名轻子。轻子的名字是在表示"电荷"的希腊字

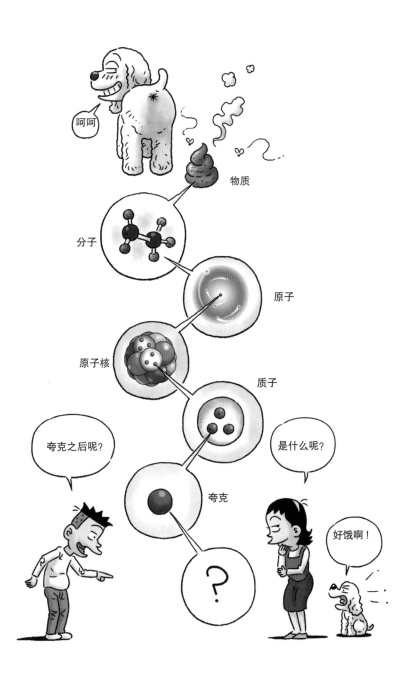

母 e 后，分别加上缪 μ、纽 ν、陶 τ 而成。这种避繁就简的名字没有太多的趣味性。估计为轻子取名的物理学家不如盖尔曼那么有文采吧。

电子、缪子、陶子只是质量不同而已，其物理特性（对强核力没有反应，只受弱核力、万有引力、电磁力的影响）都十分相似，可以看作是"三兄弟"。电子、缪子、陶子分别与固有的中微子组成一对，被称为电子中微子、缪子中微子、陶子中微子。把电子、缪子、陶子与其各自的拍档共六种基本粒子称为轻子或轻粒子。

另外，除了上面所说的构成物质的夸克和轻子之外，

## 夸克和轻子的区别

自然界的基本粒子大体可以分为传送力的粒子和构成万物的结构粒子。结构粒子又可分为可感知强核力的夸克和不可感知强核力的轻子。由夸克构成的质子、中子，在强核力的作用下，聚合成原子核。那么，电子也像原子核一样聚合在一起吗？如果强核力在电子之间起作用的话，若干个电子也会聚合在一起，形成巨大的电子核。但是，事实上电子感知不到强核力，所以电子是不会聚合的。电子只能感知弱核力，却无法感知强核力。这样的粒子被称为轻子（轻粒子）。轻子与能感受到强核力的夸克是完全不同的两种粒子。

## 自然界的四种力

能够把核聚合在一起的强核力

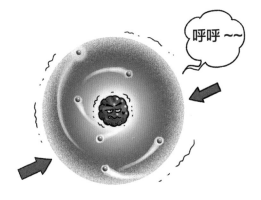

维持原子的电磁力

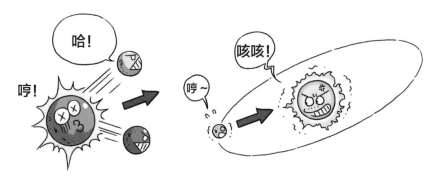

产生放射性衰变的弱核力

使行星围绕太阳公转的引力

在自然中还存在传送力量的粒子。目前已知的自然界的力（或称相互作用）有四种，即引力、电磁力、弱核力、强核力。

分别传送这四种力的粒子，最具代表性的就是传送引力的引力子。最为我们熟知的是引力，它是两物体之间发生作用的力。引力就是解释苹果从树上落下的原因的那种力。牛顿把重力定义为万有引力，不仅地球上万物的运动，就连行星的运动也可以用万有引力进行解释。但是，当时还无法证明传送力量的"引力子"的存在，众多科学家为此煞费苦心。

传送电磁力的粒子是光（光子）。电磁力是电力和磁力的统称。电磁力是指在带电荷的物体之间相互吸引或排斥的力。正电荷（＋）和正电荷之间，负电荷（－）和负电荷之间存在着相互排斥的力，正电荷和负电荷之间存在着相互吸引的力。比如，用气球摩擦头发，它们相互摩擦后产生了电荷。在二者之间，相互吸引的电力会使头发趋向气球。磁力是磁铁之间相互作用的力。像电力一样，相同的磁极之间产生相互排斥的力，相反的磁极之间产生相互吸引的力。

电力和磁力的共同点非常多，在法拉第发现电磁感应现象后最终被明确认定为是同一种力。像电磁铁那样，可以通过电力生成磁力。相反，磁铁的运动也可以生成电力，发电机就是这个原理。因此，电力和磁力从根本上来讲是同一种力。

强核力和弱核力是发现原子核以后，在研究其性质时发现的一种力。氢原子核由一个质子构成，但其他元素的原子核至少由两个质子构成。质子具有正电荷，把几个质子放在一起的话，会因为电的排斥力而相互推开。原子核想稳定存在的话，就要用一个比电磁力更强大的力来把构成原子核的质子和中子绑在一起，因此产生了强核力的概念。强核力是把质子和中子聚合在一起，使之形成稳定的原子核的力。由于质子和中子由夸克构成，所以可以说强核力作用于夸克之间。在夸克之间传递强核力的粒子起到黏合剂的作用，被称作"胶子"。

　　弱核力发现的契机是 β 衰变现象。β 衰变是中子释放出电子，变成质子的现象。同时也存在质子变成中子的衰变。这是以前炼金术士非常渴望获得的能够改变粒子种类的力。到底是什么力可以使一种粒子变为另一种粒子呢？物理学家认为，当一种粒子变成另一种粒子时（我们已经知道这叫作放射性衰变），使其衰变的力就是弱核力。这种力比引力强，比电磁力弱（比电磁力弱 $10^{13}$ 倍），因此叫作弱核力。传递弱核力的媒介粒子是 W 及 Z 玻色子。

　　弱核力是自然的四种基本力之一，是对我们生活有重大影响的力。没有弱核力的话，地球内的放射性物质就不会发生衰变，也不会产生地热的基本能量，当然更不会有温泉和火山。另外，弱核力也肩负着太阳核聚变反应的一部分任务。倘若没有弱核力，就无法看到与我们生命直接相关的太阳光，也没有光合作用和白昼的概念了，更不会看到宇宙的恒星的光彩。因此，太阳发光、我们在地球上呼吸也都是弱核力的功劳。

我们也是物质，也由原子构成。原子由原子核和电子构成。而原子核由依靠强核力聚合在一起的质子和中子构成，有时会因为弱核力的作用引发 β 衰变。在这个过程中，核的内部结构被重新调整，同时重新生成新粒子。电子存在于原子核的外部，但由于受到电磁力的束缚，无法摆脱能量受限的状态。我们把能够形成原子的原因归结为"力"。另外，当我们在说到自然界中的力的时候，也应该包括传递力的粒子。通过这些粒子，才能够使力发生作用，我们根据这一含义通常把"力"叫作"相互作用"。

发现原子核的卢瑟福说过："所有的科学要么是物理学，要么是集邮。"如他所说，在 20 世纪新的粒子像集邮一样逐一被发现。至今粒子物理学的"集邮"依然没有停止。粒子为什么会那样生成？力起到什么作用？它们之间隐藏着什么样的模式？人类到底是由什么生成，又是如何生成的？科学家一直在积极寻找这些起源性问题的终极答案。而答案就是"标准模型"。

6 种夸克、6 种轻子、传递力的 4 种粒子是怎样解释宇宙万物的呢？微观世界是如何运转的呢？能够说明这些原理的理论就是"标准模型"。目前，标准模型作为最值得信任的理论体系，其地位不可撼动。

# 元素的指纹——线光谱

科学家如何区分元素的种类呢？发现元素的方法多种多样。在用于发现元素的许多方法中，利用太阳光谱的"分光光度法"成为最重要的科学技术。

对光谱的研究开始于17世纪的牛顿。牛顿把三棱镜作为分光器分解太阳光，得到了七彩光谱。这个光谱像彩虹一样美丽，且表示出了所有光的波长，被称为"连续光谱"。

1814年，玻璃制造者费劳恩霍夫用自己发明的分光镜对太阳的光谱进行研究，他在太阳的连续光谱中，发现了1 000多个纤细的黑线。但他并没有弄清这些黑线到底是什么，直至半个世纪之后，黑线的神秘面纱才被揭开。

1859年，德国化学家本生和物理学家基尔霍夫对金属焰色反应进行系统研究的过程中，他们使用分

## 太阳的光谱观测

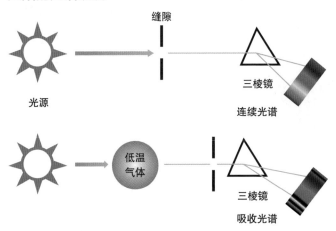

可以观察到太阳光通过三棱镜后的连续光谱（上图）。太阳光透过冷空气后，构成冷空气的元素吸收特定波长的光，在连续光谱上形成元素固有的黑线（下页图），这被称为吸收光谱

光镜观测各种元素在高温下释放出的光时，发现每种元素都有自己的特有线光谱，因此得出了光谱分析法。这种光谱分析法被叫作"原子发射光谱法"，就像每个人都拥有独一无二的指纹一样，所有元素都有各自特有的放射光谱。本生和基尔霍夫发现即使是少量物质，也可以利用光谱判断出它是哪种元素，并且用这个方法发现了铯（cesium）和铷（rubidium）。铯光谱中有两条青蓝色线，因此名字取自拉丁语中表示

## 黑线 D 与钠

太阳

钠

太阳连续光谱中出现的黑线（吸收光谱）D 与钠的线光谱一致。
这证明太阳外层气体含钠

蓝天的单词"caesius"。铯因为光谱中有像红宝石一
样漂亮的红线而被命名（但红宝石中其实并没有铯）。

　　在研究光谱的过程中，他们解开了费劳恩霍夫的
谜题。物质虽然放射光线，也吸收光线。

　　红苹果之所以看起来是红色，是因为反射了红色
波长的光，而其他波长的光都被吸收了。我们见到物
质的色彩就是被反射波长的光，所有光都被吸收的话
就成了黑色。他们推测，太阳光放射的连续光谱中出
现黑线，是因为存在吸收相应波长的物质。因此，黑
线被称为"吸收光谱"，并类推认为吸收光的物质
（元素）分布在太阳外层相对低温的气体云中。

星体的内部温度非常高，所以会以电子与原子分离、原子核与电子分离的等离子的形式存在。星体表面的温度相对较低，原子核捕获电子，以中性原子的形式存在。从构成星体的氢和氦，到像铁这样质量大的元素，都会发生气化，以中性原子或离子状态形成星体的大气。因而，当太阳光通过大气时，由于存在吸收特定波长的元素，所以连续光谱上出现了黑线。研究吸收光谱，可以得知构成太阳外层大气的气体元素。

　　不仅许多化学家通过分析光谱发现了地球上的新元素，天文学家也通过分析星体的放射光谱和吸收光谱，获知了构成星体的元素。特别是在寻找生命体可居住的天体过程中，光谱分析被认为是确认大气构成成分的首要方法。因此，光谱分析法对于天文学发展也做出了极大的贡献。

# 原子模型的变迁史

与宇宙诞生一起生成的元素，在长达 137 亿年的漫长旅程中，重复着生成与消亡，人类在这个过程中诞生、进化。通过好奇心极强的科学家，人类对旅程的每个阶段进行阐释。其中，最大的成就莫过于发现构成物质基本单位的原子的结构。科学家用相当长的时间剖析原子结构的这一过程非常有趣。

波涛卷浪，放在海边的衣服就算湿了，
在阳光下也可以马上晾干。
但是我们不知道衣服上的湿气如何出现，
被热烘烤后又为何消失。
说不定水是用肉眼看不到的
原子，由非常小的粒子构成。

**上面是罗马诗人卢克莱修的叙事诗《物性论》**

## 原子

德谟克利特称之为 Atoma。来源是古希腊语 a-tomos（a：否定，tomos：分裂），含义为"无法再分裂"，是现在原子英文单词"Atom"的词源。

## X 射线

不可知线被称作 X 射线。之后不久，就发现 X 射线是波长短的电磁波。因为 X 射线透视性强，可以用于骨科拍片。

中出现的诗句。这首诗中出现的"原子"来自哲学家德谟克利特的系统原子论。

德谟克利特认为宇宙由虚空和原子（Atom）构成。他还认为，宇宙空间由无法再分裂的原子填满，所以宇宙不会经历生成与消亡，是永恒的存在。提出相似原子概念的是 2 000 年之后的道尔顿，由此可知德谟克利特的理论具有多么重大的划时代意义。

1803 年，英国科学家道尔顿提出了"原子说"，即原子内部由坚实的球状物构成，并且无法再分裂。他还认为，原子聚合成为带有物质性质的分子或化合物。他的假说可以说明之前许多没有被说明的化学规律。所以在长达 90 多年的时间里，道尔顿的原子假说被大家看作真理。

但是 1895 年伦琴拍摄下的人类骨头的照片震撼了法国科学界，动摇了原子的概念。X 射线的发现不

## 道尔顿的原子说

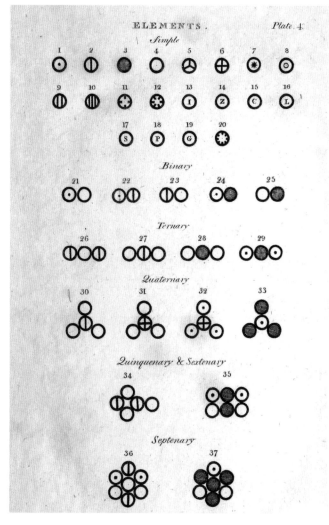

1808 年出版的道尔顿的《化学哲学新体系》，上图为论文首页

## 贝克勒尔的照片底片

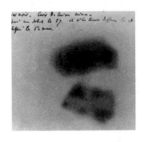

底片暴露在铀矿石释放的放射线下出现变色。从下面的痕迹可以推测出，底片和铀之间放置了十字架形状的物体

仅为医学发展做出了巨大贡献，而且对分解原子内部结构产生了极为深远的影响。当时 X 射线的发现不仅对大众造成了巨大的冲击，而且对科学家也造成极大的冲击。法国物理学家贝克勒尔就是如此。

贝克勒尔作为第三代研究者，在自然历史博物馆中对包括铀化合物在内的多种物质的荧光现象进行研究。他使用铀化合物，想要重现伦琴的实验。在这个过程中，他偶然发现了照片底片的黑色痕迹。这一现象肯定是由于照片底片被纸包住，没有暴露在光线下造成的，但是这一现象并没有被清楚地说明。原因是铀！铀放射了使照片底片变

**照片底片**
用于相机胶卷之前的物质，吸收光的部分由于化学作用变黑。

**放射线**
因为"不可见的某种东西被放射后可见"而得名。

黑的 X 射线以及其他某种物质。贝克勒尔在铀化合物中发现了放射线。

1898 年居里夫妇发现了其他释放放射线的元素——钋与镭，再一次动摇了原子的概念。"无法再被分解"的原子中出现了放射线和其他某种物质，这是一件不同寻常的事情。原子中出现某种物质，可以被解释为原子中存在某种物质。在科学家中渐渐开始出现了"原子可以被分解"的想法。

X 射线的发现与放射线的发现让"原子可以被分解"的想法开始蔓延，道尔顿的原子论假说被推翻，科学家面临新的问题。这就是关于原以为无法被分解的牢固颗粒——"原子"内部结构的问题。就这个问题提出解决方案的是英国物理学家汤姆逊。

1897 年，英国皇家研究所公布汤姆逊发现了比原子更小的微粒子的电荷量与质量比。汤姆逊将克鲁克斯研制出的克鲁克斯放电管完善为精密实验装置，计算出阴极射线的质量与电荷量比，得出结论称阴极射线一定是带负电荷的微粒子。

**微粒子**

汤姆逊发现的小颗粒比原子还要小很多。他称之为微粒子。

## 阴极射线的性质

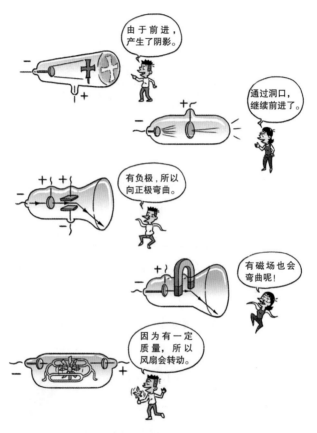

在玻璃管中加入气体，设置高电压，因为气体的固有特性，会发出美丽的光。英国的克鲁克斯在真空状态下的克鲁克斯放电管中发现了身份不明的阴极射线。阴极射线与构成阴极的金属种类无关，与克鲁克斯管中的气体种类也无关。阴极射线的共同特性是带有一定质量，不只是向前进，也会受电场与磁场影响弯曲路径。汤姆逊以这一事实为基础发现了阴极射线是带有负电荷的粒子，即电子

## 葡萄干布丁模型

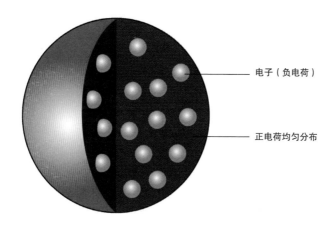

电子（负电荷）

正电荷均匀分布

英国物理学家汤姆逊通过阴极射线实验发现了电子

汤姆逊发现的这一微粒子后来被人们称为电子。

汤姆逊通过分离、测定、组织实验证明了电子的存在，因其突出贡献被授予诺贝尔奖。其实，汤姆逊在诺贝尔奖获奖感言中没有使用"电子"这个名称，而将其称之为"微粒子"，可见他多么不喜欢"电子"的概念。

汤姆逊说："即使原子中有带负电荷的电子，但它仍是中性，它就像布丁里有葡萄干一样的微粒子，也就是电子镶嵌在原子之中均匀分布的正电荷里。"这就是汤姆逊的葡萄干布丁（Plum Pudding）原子模

## 阿尔法粒子散射实验

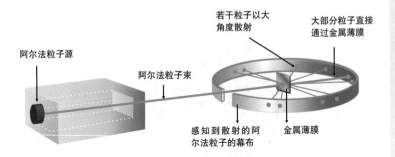

将具有较好延展性的金延展为厚度是 0.000 06cm（约 1 000 个金原子重叠的厚度）的金箔，并暴露在阿尔法射线之下。阿尔法射线的速度约为每秒 16 000 千米，类似于全力冲向金箔并与其碰撞。金箔后面是当阿尔法粒子碰撞时发出小火花的幕布

型。因此，主张"原子是无法被分割的最小单位"的原子论经过 100 多年的发展最终被推翻了，汤姆逊的模型成为此后持续不断的原子模型变迁史的萌芽。

汤姆逊发现了电子，成为现代物理学基础的奠基人之一。不过，他最大的贡献在于他培养了很多对现代科学做出贡献的优秀学生。他的学生中，竟然有 7 位获得了诺贝尔物理学奖。汤姆逊最为得意的学生是卢瑟福。青出于蓝而胜于蓝，卢瑟福推翻了老师汤姆逊的原子模型，提出了新原子模型的主张。

在卢瑟福与索迪一起研究放射性元素衰变的过

## 汤姆逊与卢瑟福的原子模型

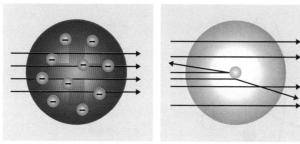

汤姆逊的原子模型　　　　　卢瑟福的原子模型

根据汤姆逊模型，α 粒子可以直接通过原子，但实际实验结果却不是。
卢瑟福的模型则描述了少数 α 粒子是被原子核弹回的

程中，他们发现了阿尔法射线（α-ray）、贝塔射线
（β-ray）、伽马射线（γ-ray）等放射线，并阐明了
这些放射线的性质。

　　阿尔法射线本质上是带有正电荷的氦的原子核，
以非常快的速度被释放出来，具有可以破坏其他粒子
的超强能量。卢瑟福常把构成阿尔法射线的阿尔法粒
子（氦的原子核）称为"自己的右臂"，并进行了许
多实验。

　　卢瑟福指示助教马斯登和盖革进行阿尔法散射实
验。通过这个实验，他们惊讶地发现阿尔法粒子中有

## 卢瑟福的行星模型

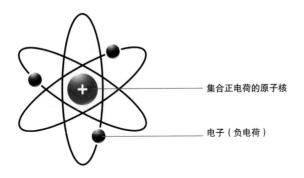

集合正电荷的原子核

电子（负电荷）

卢瑟福的原子模型就像围绕太阳运转、与地球一样的行星的轨道

一部分并没有穿过金箔。这就好像子弹没有穿过纸，反而被弹开了一样。根据汤姆逊的布丁原子模型，阿尔法粒子本应该拨开质量小的电子，直接通过原子，但是这个实验结果实在令人无法理解。卢瑟福确认了这一实验结果之后，用了两年之久才弄明白汤姆逊的原子模型是错误的。

卢瑟福设计了新的原子模型。根据实验结果，卢瑟福认为应该存在一种小而重的核将正电荷集中于一点。卢瑟福认为，位于原子中心的原子核具有原子的绝大部分质量，但它的体积却非常小，电子绕着原子核运动，其他的位置都是空的。

之后，在向氮气发射阿尔法粒子的实验中，卢瑟福发现氮气中混合着氢。氢又突然从哪里来呢？卢瑟福的结论是，氮的原子核与阿尔法粒子发生碰撞，随着氮原子核发生破裂，出现了氢的原子核（质子）。媒体对卢瑟福的实验大肆报道，卢瑟福则说："如果像我所相信的那样，原子核真的可以被分裂，那是相当重要的事情。"

卢瑟福和他的学生们发现原子核中质子数和围绕原子核运动的电子数完全一致。虽然质子与电子带有相同的电荷，但是质子却要重得多。卢瑟福完成了"行星模型"，较重的质子构成原子核，并位于中心位置，而较轻的电子围绕原子核运动。

不过，原子核的本质并没有被完全掌握。原子核的重量比原子核内的质子更重。原子核由质子构成，为什么却更重呢？这好像是任何人都无法解开的谜题。除了质子和电子，是否还存在着第三种粒子？解开这个谜题的人是卢瑟福的学生查德威克。

1932年，查德威克通过各种实验证明该粒子是与质子质量几乎相同的中性粒子，他称之为中子。这样，构成原子的三种粒子——质子、中子、电子终于

## 氢的线光谱系列

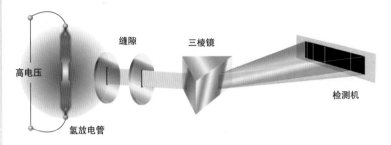

高电压

缝隙

三棱镜

检测机

氢放电管

从氢中发射出的光通过三棱镜展现出其特有的线光谱

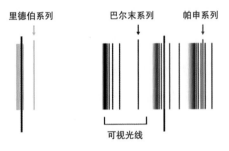

里德伯系列

巴尔末系列

帕申系列

可视光线

1884 年，巴尔末发现氢气发出的可视光线中，线光谱的波长越短，线之间的距离越短，具有数学性的规律。因此，可视光线区域的线光谱被称为巴尔末系列。后来，里德伯和帕申分别发现了氢发出的紫外线和红外线区域的线光谱也具有相似的规律

全部面世了。自从卢瑟福通过金箔实验发现了原子核，经过二十多年才完全弄清楚构成原子核的所有粒子。

同时，他们还发现阿尔法粒子是由两个质子和两

个中性粒子构成的氦原子的原子核。这种组合的结合力非常强，一旦结合在一起就像一个颗粒一样运动，因此被叫作阿尔法粒子。另外，他们还阐明，表示原子种类的原子序数是原子核中质子的数量，代表原子重量的原子量是原子核中的质子数和中子数之和。不仅如此，同位元素、放射性衰变等难题也被解开。卢瑟福在核物理学领域取得了优秀的成果，培养了许多优秀的学生，被后人称为"核物理学之父"。

不过，卢瑟福的行星模型虽然是以实验为基础做出的模型，但依然存在许多问题。首先，在卢瑟福的模型中，围绕原子核运动的电子并不像围绕太阳运转的地球一样可以进行稳定的运动。与运转的地球不同，运动的电子以电磁波的形式释放能量。失去能量的电子被电磁力吸入原子核里。最终，原子核与电子发生碰撞。可是这到底是什么意思呢？由原子构成的我们不是好好地活着吗？

为了解决这一问题，有人提出了划时代的解决方案。

玻尔认为想要说明氢原子出现

**能级**
各个电子在特定轨道中带有的能量值。

## 电子根据轨道吸收或释放能量

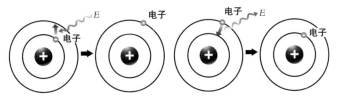

玻尔认为，电子向高能级移动时会吸收能量，向低能级移动时会释放能量

## 电子的轨道

标志电子存在概率的电子轨道看起来好像核周围飘散的云一样，因此被叫作电子云

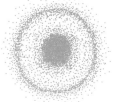

线光谱的原因需要新的原子模型。他在卢瑟福的行星模型中导入了普朗克与爱因斯坦提出的（但当时许多科学家并不赞同）"量子"概念。因此他认为原子中的电子并不仅是单纯的存在，而是带有特殊能级、独特的原子模型。他认为，电子不均匀地分布在轨道上，在这一状态下不会释放电波，所以可以稳定存在。

　　玻尔利用能级成功地说明了氢原子的光谱。他还提出在原子核中，轨道越远拥有的能量越大。电子从

## 原子模型的变迁史

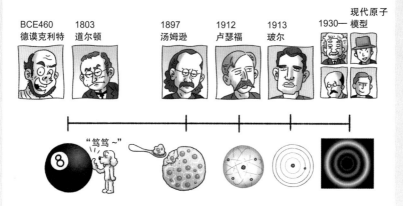

下轨道移动至上轨道是向高能级的飞跃，所以需要吸收能量；反之，从上轨道下降至下轨道时，则需要释放能量。这时候，会一下子获得或释放相当于两个能级之差的能量，通过线光谱可以观测到这一现象。

　　玻尔的主张震撼了许多科学家。接下来，玻尔需要说明自己主张的特定轨道是什么，为什么特定轨道内的电子带较为稳定。但是，玻尔对此没能做出说明。而且玻尔的模型也很难说明比氢复杂的原子的线光谱、磁场中光谱的分裂效果。

　　为了解开许多未解之谜，经过无数的研究之后，以初期的"量子"假说作为基础的新量子力学诞生了。海森堡、薛定谔、狄拉克等科学家建立的量子力学导入了现代原子模型，精彩地解释了之前未解现象的疑问。薛定谔导入了轨道（波动函数），用"薛定谔方程式"计算出了新的原子模型。但是即使通过该方程式计算出了波动函数，也无法确定电子的位置与运动，只不过可以算出概率。海森堡也认为由于"不确定性原理"无法同时测定某一粒子的位置与动量。也就是说，量子力学所说的原子模型——电子轨道不是电子的精确轨道，仅代表电子可能存在位置的概率。

为了科学证明某一概念，需要无数科学家进行反复研究。但是，只积累知识，并不能促进科学发展。就像托马斯·库恩在《科学革命的结构》中所述，只有打破了已有的结构才会出现科学革命。科学家在解决许多遗留问题的过程中，通过范式转换，让人们走近真理。所以，在接受现有的原子结构知识之前，我们应该先搞清楚科学结构是如何演变而来的。阐明原子结构的过程本身就是科学革命。

# 希格斯玻色子

在宇宙中，关于作用力与粒子的理论被统称为标准模型。不过仍存在标准模型尚未解开的谜题。那就是被称为"上帝粒子"的希格斯玻色子。希格斯玻色子好比是标准模型遗失的一块拼图。虽然标准模型看起来很完美，但却没能说明标准模型粒子的质量从何而来。如果想证明刹那间发生宇宙大爆炸之后世界从无到有，就需要用新的构成要素和新的机制来说明标准模型给予粒子质量的过程。这就是"希格斯机制"。

希格斯玻色子阐明通过与基本粒子相互作用，质量在被给予的过程（希格斯机制）中，产生又消失的事实。即，与希格斯玻色子相互作用强的粒子质量变大，相互作用弱的粒子质量变小。

希格斯玻色子是1964年英国理论物理学家彼

得·希格斯提出的理论。许多科学家对希格斯玻色子的存在与否意见纷纷，特别是希格斯与斯蒂芬·霍金的争论持续了很长时间。斯蒂芬·霍金甚至为无法发现"希格斯玻色子"的主张赌了100美金。但是2013年3月14日，欧洲核子研究中心正式对外公布希格斯玻色子实际存在。希格斯玻色子的发现对物理学来说相当于生物学中DNA的发现，获得科学界一致盛赞，甚至连输了赌注的斯蒂芬·霍金也对彼得表示景仰，认为他应该被授予诺贝尔奖。那一年的诺贝尔奖颁给了最早预测存在希格斯玻色子的希格斯与最早预测存在希格斯机制的恩格勒特。

我们无法在自然中用肉眼看到希格斯玻色子的存在，所以只能让粒子在加速器中发生碰撞产生能量，从而生成希格斯玻色子。希格斯玻色子生成后马上衰变为其他粒子，通过分析衰变的粒子可以明确希格斯玻色子的存在。欧洲核子研究中心投资了数十亿美元的资金建了一个周长高达27千米的大型粒子加速器。许多科学家为了寻找希格斯玻色子在这个加速器里进行了数十亿次的粒子碰撞实验。但是，希格斯玻色子并没有那么容易被发现。尽管投入了大量的资金，但

并没有获得什么成果。诺贝尔物理学奖得主利昂·莱德曼甚至将自己著作的题目定为《该死的粒子》。不过，出版社去掉了书名里的有谩骂含义的"该死的"一词，以《上帝粒子》的名字出版了这本书。之后，希格斯玻色子被称为上帝粒子。

希格斯玻色子并不是"像上帝一样的粒子"，也不是与创造有关的粒子，只是存在了50多年假说里的粒子而已。作为无神论者，希格斯拒绝将上帝粒子作为希格斯玻色子的别称。

希格斯玻色子很难对给予粒子质量的过程进行简洁明了的说明。但是，希格斯玻色子的发现增加了大众对这一粒子的关注度，并希望能够让它变得浅显易懂。所以有很多科学家为了帮助大众进行理解，运用各种比喻来说明希格斯玻色子，但还是不能很好地传达它的概念。

在此介绍其中的一种比喻。假设在某个派对中，有许多客人享受着愉快的时光。他们谈笑风生，气氛融洽。这时，突然有一位明星出现在门口，派对各处的客人为了看到明星本人，开始聚集在明星的周围。因此，门口被堵得水泄不通，想要离开的人就得过巨大的阻碍。这种阻碍就是粒子获得质量的过程。

如果把希格斯玻色子比喻为雪，人们在雪中行走感受到阻碍就是粒子获得质量的过程。踩着滑雪板、较为容易通过雪地的人好比是获得少量质量的粒子，穿着沉重的鞋子、脚会陷入雪中、费很大劲儿走过雪地的人好比是获得较大质量的粒子。

# 3

# 周期表里隐藏的秘密

爱因斯坦是物理学的巨匠，同时也是一位非常狂热的小提琴演奏者，他尤其喜爱演奏巴赫与莫扎特的曲子。在他成名之后，很多人开始对他生活的方方面面表现出极大的关注。曾有一家杂志社来信询问爱因斯坦的音乐倾向，对此，爱因斯坦回复道："在巴赫与莫扎特二者之间，我无法讲出更喜欢哪一个。在音乐之中，我并不探寻逻辑，我总是直观地去靠近音乐，但对音乐理论一无所知，对于那些无法直观地了解内部统一性（结构）的作品，我没有好感。"这一回答很好地体现了一点，即爱因斯坦作为一名科学家，很重视自然甚至是音乐内部的统一性和结构。存在于科学领域中的很多定律，就是在这些科学家的好奇心和研究中被发现的。像爱因斯坦这样的科学家，具有一

寻找存在于自然界中的元素的物理化学性质的规律性，并以此对元素进行分类，这样就能更系统地理解物质

种本性，总是想在某一世界中探索出规则。

我们现在所知的元素有 118 种（2014 年标准），得益于科学技术的发展，新的元素被不断发现，从而进入科学领域。元素是构成物质世界的基本材料，这是科学家公认的事实，他们持有的信念是在元素的世界中也存在某种统一性和规律性，并在此基础之上努力尝试了解物质世界。

倘若元素不存在规律性的话，我们就要逐个了解所有元素的性质和反应性。但如果元素存在规律性的话，就没有必要了解所有元素的性质和反应性。

## 感知元素的韵律

如果我们要对地球上的"人类"进行研究的话，应该用何种方式来进行呢？当今世界总人口约为70亿，如若对全部的70亿人口进行观察的话，哪怕是研究自己的家人、亲属、朋友这一范围，毕生时间都不够。难道就没有能够有效地提高研究速度的方法吗？以人的性别为标准，可将人类分为"女性""男性"；或者以大的区域为标准，可分为"东方人""西方人"；又或者以肤色为标准，可将人类分为"黄种人""白种人""黑种人"；以年龄为标准，可以划分不同年龄层的人群。类似这样，首先确定某一特定标准，将人类按照这一标准进行分类，然后对隶属不同群体的人类进行抽样研究，再用归纳的方式对结果进行处理，就会成为一种有效的研究方法。其中，最重要的是依据特定"标准"对"群体"进行分类。

法国化学家拉瓦锡被认为是最早依照特定标准对元素进行科学分类的人，他于1789年，用当时已知的31种元素与氧气进行反应，并以生成物的性质为标准对元素进行了分类。

19世纪初，原子量开始被逐一准确确定，与此同时，德国的化学家德贝赖纳尝试用关注原子量的三素组定律对

## 纽兰兹的八音律

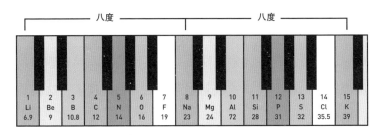

锂（Li）、钠（Na）、钾（K）就像八度不同的同一音阶，具有相似的性质。

元素进行分类。此后，英国化学家约翰·纽兰兹也发现，按照原子量的顺序对当时已知的元素进行排列的话，每隔7种元素便出现化学性质相似的元素，他认为元素也像钢琴一样，存在八度音阶，并把它称之为"元素八音律"。鉴于当时还未发现现代元素周期表中的惰性气体，所以约翰·纽兰兹以原子量为标准将元素分为八组后，发现其结构与今天的短周期型周期表十分相似。但由于他的主张对原子量大的元素并不适用，因此当时未被认可。

**八度**
表示音程的单位，octa- 在希腊语中的意思为数字 8。

**惰性气体**
现在的元素周期表中最右侧的元素，和其他的元素之间几乎不会发生化学反应。

# 门捷列夫的卡片游戏

当许多科学家开始把肉眼不可见的元素作为对象反复研究，以发掘这些元素的性质并从其性质的差异中感知自然规律的时候，化学领域名垂青史的人物出现了，这就是门捷列夫。

门捷列夫出生于俄国托博尔斯克，在兄弟 14 人中排行老么。虽然家境艰难，但门捷列夫从小便崭露头角，他听从老师的劝告愿意继续自己的学业，又得益于母亲的舍身照料，以优秀的成绩完成了大学学业。大学毕业之后，门捷列夫得到了前往欧洲留学的机会，他在德国跟随本生和基尔霍夫学习光谱分析。在此之后门捷列夫回到俄国，开始在圣彼得堡大学授课。此时，他迫切地感受到俄语教科书的必要性，因而开始亲自编写教材。1868 年，门捷列夫执笔名为《化学原理》的教材，同时开始周密地叙述元素性质并寻找元素间系统性关系的工作。他秉持一种信念，那就是大自然不会随意地创造元素，元素世界中存有某种整体性的秩序。

有一天，门捷列夫玩卡片游戏，他看到排列的卡片数字逐渐变大，产生了将此应用于元素原子量的想法。他在 63 张卡片上一一写上当时已知元素的名称、原子量和一部分化学特征，然后按照原子量从小到大的顺序排列卡

俄国化学家门捷列夫（Mendeleev，1834—1907）为了合理有效地向学生传授化学知识制作了元素周期表

片，结果呈现出了规律性（周期），即具有相似化学性质的元素周期出现。

门捷列夫在进行排列时，遇到具有相似化学特征的元素卡片便更换一行，使化学性质相似的元素位于同一组中。这样一来，也满足了德贝赖纳的三素组定律和纽兰兹的元素八音律。但是，也有不遵循这一规律的元素。门捷列夫无数次地改变卡片排列，同时不断地整理自己的想法。在卡片不符合周期律的情况下，他重新研究基于阿伏伽德罗假设得出的元素原子量并加以修正，在学界中反映他已修改的原子量，完成了他自己的表格。这个表格不仅很好地解释了当时已知元素之间的关系，甚至预测了今后将被发现的元素，是一个概括性的、合理的表格。"元素

## 假说、理论、定律的区别

假说（Hypothesis）是研究者为了有逻辑地解释某一现象而假定的、未被证明的原理。当假说被科学证明，成为能够对那一现象进行普遍性解释的知识体系时，则被称为理论（Theory）。理论的目的在于立足于证据、提供最佳的解释，在遭遇反证的情况下，理论也可以被改变。但是，定律（law）在一定条件下必须适用，是毫无例外的不变真理。阿伏伽德罗为了解释气体反应定律，1811年首次发表了对气体的假说，此后经历了理论阶段，被确认为毫无例外地适用于全部气体，才成为了阿伏伽德罗定律。

周期表"就这样诞生了，这一表格也被称为门捷列夫的元素周期表。

在科学史上，门捷列夫被誉为元素周期表之父，他使用的元素分类标准——原子量，纽兰兹也曾使用过。和那些致力于发现元素规律性的科学家相比，门捷列夫有何突出之处呢？观察门捷列夫的周期表，会发现里面

最初印刷的门捷列夫元素周期表

## ОПЫТЪ СИСТЕМЫ ЭЛЕМЕНТОВЪ.

ОСНОВАННОЙ НА ИХЪ АТОМНОМЪ ВѢСѢ И ХИМИЧЕСКОМЪ СХОДСТВѢ.

```
                              Ti = 50    Zr =  90    ? = 180.
                               V = 51    Nb =  94   Ta = 182.
                              Cr = 52    Mo =  96    W = 186.
                              Mn = 55    Rh = 104,4  Pt = 197,4.
                              Fe = 56    Rn = 104,4  Ir = 198.
                           Ni = Co = 59  Pl = 106,6  O- = 199.
         H = 1               Cu = 63,4   Ag = 108   Hg = 200.
            Be =  9,4 Mg = 24  Zn = 65,2  Cd = 112
            B = 11    Al = 27,4  ? = 68   Ur = 116  Au = 197?
            C = 12    Si = 28    ? = 70   Sn = 118
            N = 14    P = 31    As = 75   Sb = 122  Bi = 210?
            O = 16    S = 32    Se = 79,4 Te = 128?
            F = 19    Cl = 35,6 Br = 80    I = 127
      Li = 7 Na = 23   K = 39   Rb = 85,4 Cs = 133  Tl = 204.
                      Ca = 40   Sr = 87,6 Ba = 137  Pb = 207.
                       ? = 45   Ce = 92
                     ?Er = 56   La = 94
                     ?Yt = 60   Di = 95
                     ?In = 75,6 Th = 118?
```

Д. Менделѣевъ

在 1869 年的俄国学会上，门捷列夫的学生代替卧病在床的他，向全世界发表了他的元素周期表。门捷列夫的元素周期表和现代元素周期表在纵横方向上相反，且标记了多处问号来表示尚未发现的元素，族和周期也未被标记。此表是现代元素周期表的原型有很多问号，而这正是他天才的象征。他在对当时已知的元素制作周期表时，考虑到了尚未发现的元素，即按照原子量进行排序时，若出现元素性质不遵循周期表的情况，则认为此处存在尚未发现的元素，就在此处标上问号，并预言了排在此处的元素的原子量和性质。门捷列夫所预言的代表性元素是和铝（Al）具有相似性质的镓（Ga）、和硅（Si）具有相似性质的锗（Ge）以及和硼（B）具有相似性质的钪（Sc），这些元素后来令门捷列夫扬名世界。

与此同时，在原子量顺序和化学性质顺序不相符的时候，门捷列夫也果断地调整顺序。当时已测定的碘（I）的原子量为127，碲（Te）的原子量为128，但两元素的原子量和化学性质顺序不符，门捷列夫更为重视化学性质，于是将碲置于碘之前，同时主张称，若测定准确的原子量值，这一顺序将会被改变。如果没有对自然规律的确信，他就不可能提出这一创新性的主张（实际上，门捷列夫是化学知识渊博的科学家）。

在制作了最初的周期表两年之后，门捷列夫把当初根据原子量顺序纵向排列的周期表修改为横向排列，并引入了族和周期等术语。

门捷列夫将原子量定为元素分类的标准，源于1860年其作为俄国代表出席德国卡尔斯鲁厄学会时得到的确

## 门捷列夫的修订版元素周期表

|  | Gruppe I. R²O | Gruppe II. RO | Gruppe III. R²O³ | Gruppe IV. RH⁴ RO² | Gruppe V. RH³ R²O⁵ | Gruppe VI. RH² RO³ | Gruppe VII. RH R²O⁷ | Gruppe VIII. — RO⁴ |
|---|---|---|---|---|---|---|---|---|
| 1 |  |  |  |  |  |  |  |  |
| 2 | $H = 1$ |  |  |  |  |  |  |  |
|  | Li = 7 | Be = 9.4 | B = 11 | C = 12 | N = 14 | O = 16 | F = 19 |  |
| 3 | N = 23 | Mg = 24 | Al = 27.3 | Si = 28 | P = 31 | S = 32 | Cl = 35.5 |  |
| 4 | K = 39 | Ca = 40 | — = 44 | Ti = 48 | V = 51 | Cr = 52 | Mn = 55 | Fe = 56   Co = 59 |
|  |  |  |  |  |  |  |  | Ni = 60,  Cu = 63. |
| 5 | (Cu = 63) | Zn = 65 | — = 68 | — = 72 | As = 75 | Se = 78 | Br = 80 |  |
| 6 | Rb = 85 | Sr = 87 | ?Yt = 88 | Zr = 90 | Nb = 94 | Mo = 56 | — = 100 | Ru = 104, Rh = 104, |
|  |  |  |  |  |  |  |  | Pd = 106, Ag = 104. |
| 7 | (Ag = 104) | Cd = 112 | In = 113 | Sn = 118 | Sb = 122 | Te = 125 | J = 127 |  |
| 8 | Cs = 133 | Ba = 137 | ?Di = 138 | ?Ce = 140 |  |  |  |  |
| 9 | )—( |  |  |  |  |  |  |  |
| 10 | — | — | ?Er = 178 | ?La = 180 | Ta = 182 | W - 184 | — | Os = 195, Ir = 197, |
|  |  |  |  |  |  |  |  | Pt = 198, Au = 199. |
| 11 | (Au = 199) | Hg = 200 | Tl = 204 | Pb = 207 | Bi = 208 |  |  |  |
| 12 |  |  |  | Th = 231 |  | U = 240 |  |  |

Mendeleev's Periodic Table of 1871, redrawn by J. O. Moran, 2013

1872 年刊登于德国学术杂志上的门捷列夫元素周期表，"族"表示元素自上而下排列成的纵向组，"周期"表示元素从左到右排列成的横向组，J 是碘（I）的德国符号

信，那时他正滞留欧洲。此次学会上整理了原子、分子、阿伏伽德罗原理等核心概念，是揭示化学里程碑的历史性会议。在当时，对构成元素的最小粒子——原子以及由两个以上的原子通过相互间的强作用力结合而成的一个独立运动的粒子——分子并无明确的区分。与此同时，因道尔顿原子量测定上的失误，许多元素的原子量与实际不符，且同一元素的原子量也根据化合物的不同而不尽相同，因此化合物的化学式也无法正确整理，处于一种混沌状态。

阿伏伽德罗的弟子坎尼扎罗在学会上以老师的假设为基础，明确地定义了原子和分子的概念，并且运用阿伏伽德罗原理提出了确定气体密度、气体化合物的分子量以及确定构成分子的原子的原子量的方法。他的发表成果给门捷列夫留下了深刻印象，在那一瞬间，门捷列夫确信，原子量就是元素基本的量。

门捷列夫的元素周期表在最初发表的时候，没能引起科学家们的关注，甚至几年之内都未对其真伪展开讨论。一些反对者将他和元素周期表贬了一个遍，说他的周期表来自纯理论的观点，所以不过是在纸上罗列的符号而已。然而，当他所预言的元素开始被发现时，情况发生了转变。

1875 年，对门捷列夫的研究一无所知的法国人布瓦博德兰宣称发现了类似于铝的新元素，他借用法国的旧称"高卢"（Gallia）将此元素命名为镓（Ga）。镓的原子量，与门捷列夫空在铝下方、被预测为类铝的元素完全一致，这一元素是利用元素固有的线光谱发现的，甚至连使用的方法都如门捷列夫所料。

不仅如此，布瓦博德兰发表的镓的密度略低于门捷列夫所预测的密度，门捷列夫建议布瓦博德兰用纯净的样品重新做一次实验，而第二次实验的结果表明，元素的密度十分接近门捷列夫的数值。因此，门捷列夫元素周期表的合理性得到了科学的证实。

　　类似的事件于 1879 年再次发生，瑞典的尼尔森发现了具有类硼元素［门捷列夫在钙（Ca）和钛（Ti）之间空出的地方］性质的钪（Sc）。1885 年，德国的温克勒在地区矿山中开采出的矿物标本里，发现了类硅（硅与锡之间空出的地方），并将其命名为锗（Ge）。门捷列夫曾预测了类硅的原子量和密度，与锗实际的原子量和密度几乎一致。

　　随着门捷列夫所预言的元素以预测的原子量和化学性质一一登场，元素周期表的可信度逐步提高，门捷列夫也开始声名远扬。

　　一旦有新的元素被发现，门捷列夫便在他的化学教材再版之时逐一填充到元素周期表的空格（问号）之中。1889 年印刷的《化学原理》中，刊登了布瓦博德兰、尼尔森以及温克勒的照片，并称赞他们为"周期定律的强化者"。

　　然而，门捷列夫的元素周期表却未能长久地高踞神坛。随着科学技术的发展和更为精准的技巧出现，具有意外属性的惰性气体被发现，这是门捷列夫未预测到的。对于这些几乎不与其他元素产生反应的元素，门捷列夫很难轻易接受。

　　1882 年，英国物理学家瑞利和化学家拉姆齐为了验证普劳特的假说，决定精密地测量氮气的气体密度。通过这一实验，他们发现了从含氮化合物的分离过程中得到的氮气和从空气中得到的氮气密度不同。事实上，对于这一现象，卡文迪什曾于 1785 年推测称大气中的氮气里可能掺杂了不具反应性的气体，然而当时并不了解光谱分析法的卡文迪什没能进一步发展自己的推论。

在解决这一问题上，物理学家瑞利和化学家拉姆齐的想法十分有趣，却恰好相反。瑞利认为，若假定通过化合物的分离得到的氮中掺杂着比氮轻的某种物质，就能够解释这一问题；但拉姆齐推测称，空气中的氮气被比它重的气体污染而产生了这一问题。

然而，最终瑞利使用拉姆齐的方法来探求氮气的气体密度，在此过程中发现了约为空气体积 1% 的气体，同时得知这种气体是一种反应性极低的元素。利用分光器，拉姆齐在微量的气体中找到了至今从未见过的线光谱，证明这种气体是一种新的元素。1895 年，瑞利和拉姆齐将此气体命名为氩（Ar）并对外发表。瑞利和拉姆齐于 1904 年分获诺贝尔物理学奖和化学奖，而凭借同一成就在同一

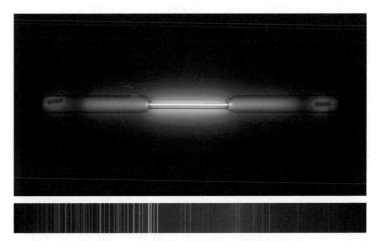

用高压电流对无色的氩气放电时的场景（上）以及氩的线光谱（下）

**液化空气**

在超低温下，使大气成为液体状态。

**分馏法**

加热不同沸点的混合物，按照沸点由低到高的顺序分离混合物的过程。例如，炼油厂中分馏原油时，根据碳氢化合物不同的沸点，可分离出多种成分。

年获得诺贝尔物理学奖和化学奖，仅此一例。

约占空气体积1%的氩绝非稀有元素，事实上它比大气中的二氧化碳（在空气中的含量为0.034%）还要丰富。我们身体的1%约为拳头大小，而空气的1%却不是一个小数字。但在当时来看，氩气的存在完全是意料之外的事情。从氩气这一惰性气体开始，拉姆齐便推测还存在其他的惰性气体，他和同事

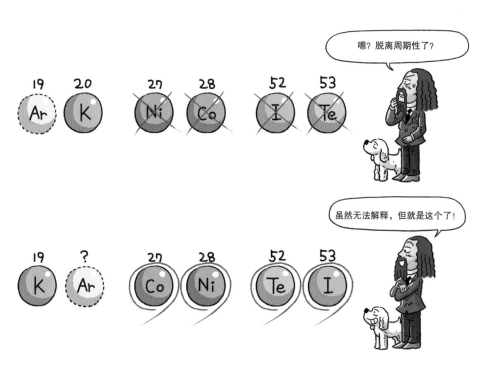

门捷列夫制作初期元素周期表时［当时氩（Ar）还未被发现］，若以原子量为标准的话，就要按照镍（Ni）和钴（Co）、碘（I）和碲（Te）的顺序排列，他对此抱有疑问，并果断地改变了顺序。这意味着，门捷列夫虽以原子量顺序为标准对元素进行排列，但在决定的瞬间，与原子量相比，他更重视化学属性的规律。但是，却无法解释按原子量顺序排列时，元素的属性脱离周期性的原因

特拉弗斯制造了大量的液化空气，利用不同沸点以分馏法接连发现了氦、氖、氪，以及氙。

　　氩气的发现，使得 25 年间成功坚守地位的门捷列夫周期表第一次被摆上了实验台。门捷列夫将原子量视为标准时，虽然承认第一族（碱金属）和第八族（卤素）之间存在未被填充的空格，但却难以接受遗漏了整个一族的

# 添加了 0 族的门捷列夫元素周期表

| 0 | I | II | III | IV | V | VI | VII | VIII | | |
|---|---|---|---|---|---|---|---|---|---|---|
| | H 1.01 | | | | | | | | | |
| HE 4.00 | Li 6.94 | Be 9.01 | B 10.8 | C 12.0 | N 14.0 | O 16.0 | F 19.0 | | | |
| Ne 20.2 | Na 23.0 | Mg 24.3 | Al 27.0 | Si 28.1 | P 31.0 | S 32.1 | Cl 35.5 | VIII | | |
| Ar 40.0 | K 39.1 | Ca 40.1 | Sc 45.0 | Ti 47.9 | V 50.9 | Cr 52.0 | Mn 54.9 | Fe 55.9 | Co 58.9 | Ni 58.7 |
| | Cu 63.5 | Zn 65.4 | Ga 69.7 | Ge 72.6 | As 74.9 | Se 79.0 | Br 79.9 | | | |
| Kr 83.8 | Rb 85.5 | Sr 87.6 | Y 88.9 | Zr 91.2 | Nb 92.9 | Mo 95.9 | Tc (99) | Ru 101 | Rh 103 | Pd 106 |
| | Ag 108 | Cd 112 | In 115 | Sn 119 | Sb 122 | Te 128 | I 127 | | | |
| Xe 131 | Ce 133 | Ba 137 | La 139 | Hf 179 | Ta 181 | W 184 | Re 180 | Os 194 | Ir 192 | Pt 195 |
| | Au 197 | Hg 201 | Ti 204 | Pb 207 | Bi 209 | Po (210) | At (210) | | | |
| Rn (222) | Fr (223) | Ra (226) | Ac (227) | Th 232 | Pa (231) | U 238 | | | | |

©Loreto St. A

德贝赖纳的三素组

已有的门捷列夫元素周期表

惰性气体被发现之后，门捷列夫在自己的元素周期表 1 族前添加了 0 族，将惰性气体纳入自己的元素体系

全部元素，且氩的原子量（39.95）比钾的原子量（39.10）大，因此按照原子量顺序来排列周期表时，并不符合元素的周期性属性。

门捷列夫苦于思考应该如何修改元素周期表，他甚至纠结于要不要修改周期表。门捷列夫写信给拉姆齐，主张新发现的氩气只不过是重型的氮而已，就像氧气的同素异形体臭氧（$O_3$）一样。氩由三个原子构成，相比于正常的

氮分子，它是 1.5 倍重的氮的同素异形体。

二人之间进行了书信交流，内容不甚愉快。但拉姆齐之后接连地发现惰性气体，使得门捷列夫再也无法继续固执下去。他在一番苦恼之后想到了一个好主意，通过在元素周期表的边缘添加一个新的族，将拉姆齐发现的气体元素纳入自己的元素体系中。

在此之后，每当新的元素被发现，都会产生诸多争议，不过门捷列夫并未改变其周期表的基础，而是将新的元素匹配进周期表中。讽刺的是，虽然门捷列夫在化学史上贡献颇丰，但却没能得到诺贝尔委员会的青睐。1906 年，在门捷列夫去世前的几个月，他入选了诺贝尔化学奖候补名单，但却以一票之差无缘获奖，那一年的诺贝尔化学奖授予了法国人莫瓦桑，他发现了氟（F）。

在门捷列夫逝世 50 年后，他才得到发现元素周期表应得的补偿。1955 年，元素周期表表中新增的第 101 个元素借用他的名字被命名为钔（Md）。那时，在众多的

**氟**

化学活性极高，因而很难从盐中分离出来，加之毒性很强，试图分离出氟的一部分学者被夺去生命，氟化学日后成为化学中的一个重要领域。

**钔**

在粒子加速器中用阿尔法粒子撞击锿-253 合成的元素。钔具有 16 种同位素（Md-245~Md-260），其中同位素 Md-246 被冠以元素周期表创始人门捷列夫的名字。

"纯粹"化学家中，以自己名字命名的元素被纳入周期表中的人前所未有。

## 现代周期表

门捷列夫的周期表中还留有至今悬而未决的谜题，按照原子量的顺序进行排列的话，有几个元素的属性不符合这一周期性，且还有尚未发现的元素存在。有一位科学家给门捷列夫的元素周期表带来了巨大改变，他就是亨利·莫塞莱。

莫塞莱虽是一位博物学家之子，但比起博物学，他对物理学更感兴趣。从牛津大学毕业之后，他成为原子核的发现者——卢瑟福的学生。在此之后，他开始研究高速电子撞击多种元素时，元素中释放的 X 射线的波长。最终他发现了一种现象，不同种类的元素就像指纹一样，能够释放出独特波长的 X 射线（莫塞莱定律）。

他通过此研究，得以计算出各元素中存在的核的正电荷（核电荷），该数值在实验误差范围内一旦被发现为整数，他便极为关注这一整数数值。因为在门捷列夫的元素周期表中，决定元素化学性质的原子量并非整数。

此时，受到电子发现者汤姆逊的影响，卢瑟福发现了原子核。但是在卢瑟福的原子核模型中，尚不包括核由若干个质子构成的内容。比如说，金的原子核并非由氢的原子核构成，即不是质子的集合，原子核整体就是一个带有正电荷的大密度粒子的形式。

此外，若按照原子量的顺序进行排列的话，有几个

**莫塞莱定律**

用阴极射线（电子）照射的元素中释放的红外线的频率（$\upsilon$）与原子序数（Z）之间存在规律性的关系（$\sqrt{\upsilon} = AZ-B$，A 与 B 是线光谱的种类决定的常数），可确定元素的原子序数。借此，证实了元素的化学性质取决于原子核的质子数（原子序数），同时也能够用原子序数的顺序代替之前的原子量在元素周期表中排列元素。

亨利·莫塞莱（Henry Moseley, 1887—1915）通过研究红外线发现了莫塞莱定律，提出了对元素进行分析的划时代方法

元素的属性不符合这一周期性，化学家们也正因无法解释门捷列夫元素周期表的这一问题而伤透脑筋。举例来说，在按照原子量的标准排列时，原子量小的镍（原子量58.6934）应当排在钴（原子量58.9332）的前面，但若以化学性质为标准，钴则应位于镍之前。化学家们选择了后者，但没人能解释清楚为什么非得将两元素顺序调换才能符合周期性。为了将这一问题糊弄过去，化学家们在元素周期表中制造出表示元素位置的原子序数，但却没有人知道原子序数的实际意义是什么。

在这样的时代背景下，莫塞莱在探索核的正电荷值是整数的意义时，从当时玻尔发表的原子模型中获得了灵感。玻尔的原子模型中，原子的中心有带正电荷的原子核，而周边有带负电荷的电子在做圆周运动。原子的属性是不带电的中性，所以原子的正电荷和负电荷应该一样。因此，玻尔用原子核外面的电子数与原子核的正电荷量大小计算出比例，并主张这个数值就是原子的原子序数。

随后，莫塞莱通过实验验证了这一主张，即核的正电荷值与原子序数一致，而原子序数则与原子内的电子数一致。这一实验还证实了，元素周期表中元素的顺序是基于对原子结构的充分理解。于是，像钴和镍这样的例子也能得到清晰的解释。虽然镍比钴的原子量少，但是核的正电荷值却更大，质子的数也更多，所以镍排在钴的后面也无可厚非。

1919 年，玻尔的老师卢瑟福发现了核中的质子，并证明了原子核并不是核本身就带有正电荷的大粒子，而是多个质子聚合在一起才具有了正电荷。莫塞莱关注的核的正电荷值（整数）只不过是一个带有 1 个正电荷的基本粒子（质子）的倍数。换言之，卢瑟福的发现证明了莫塞莱计算的核的正电荷是原子核中质子的数量。元素的原子序数就是该元素的质子数，而这个数值总是整数。

莫塞莱注意到了门捷列夫周期表存在的问题。门捷列夫试图以原子量为标准，揭开元素的化学属性的规律，但是部分元素却不符合周期性。莫塞莱用自己发现的原子序数为顺序排列元素，改善了门捷列夫周期表的缺点，了解了化学属性的周期性是不间断的。他还发现元素的周期性与原子量无关，而是随着原子序数的增大存在规律性的变化，即莫塞莱将原子序数作为新的标准对元素进行分类，不仅可以解决已有的问题，而且能够准确地说明元素的周期性。于是，莫塞莱根据原子序数将元素们进行排列，完成了现代元素周期表。

那么，根据原子序数排列元素和根据原子量排列元素存在什么差别呢？首先，原子量是考虑到同位素的平均原子量，数值会出现小数点。而原子序数与核中的质子数一

## 莫塞莱的周期表

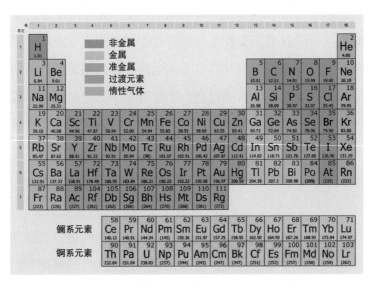

莫塞莱的周期表一直沿用至今。门捷列夫元素周期表根据原子量排列元素，而现代元素周期表则根据原子序数排列元素

致，数值是整数。其次，原子序数增加的顺序与原子量增加的顺序大致相似，但不是完全一致。这是因为，通常核中的质子数与中子数的比例是 1∶1，但存在例外。例如，假设 A 元素的质子数是 5，中子数是 8。B 元素的质子数是 6，中子数也是 6。如果按照原子序数排列，A 元素（原子序数 5）排在 B 元素（原子序数 6）前面。但是，如果以质量数（原子量）为标准进行排列，则 B 元素（质量

数 12）排在 A 元素（质量数 13）前面。

这样一来，原子序数和原子量的相关性出现逆转。不仅如此，在确定质量数时，根据同位素的不同，平均原子量会出现变化。这一点也会使原子序数和原子量的相关性发生逆转。

如果门捷列夫看到莫塞莱的周期表，他一定会感到非常惊讶，原来他使用的原子量顺序其实是原子序数，即原子核中质子数的顺序。对于门捷列夫生活在原子内部结构公之于世之前的时代，如果他发现问题的症结在于原子核，也一定会惊讶不已。

此后，莫塞莱也通过实验确定了元素的准确原子序数，找出了漏掉的原子序数，预测了今后有待发现的元素。他预测的铪（Hf）、锝（Tc）、钷（Pm）、铼（Re）等元素后来也均被发现。

由于这些贡献，几乎已经确定莫塞莱会获得 1915 年诺贝尔奖。但是，莫塞莱却在第一次世界大战中战死沙场，享年 27 岁，与诺贝尔奖失之交臂。诺贝尔奖虽然是把奖项授予有伟大科学发现或者对人类进步做出贡献的人，但前提是只颁给在世的人。莫塞莱和门捷列夫是历史上最令人惋惜、未获得诺贝尔奖的科学家之一。

沿用至今的莫塞莱元素周期表其实是在门捷列夫周期表的基础上完成的。

门捷列夫周期表也在不断完善。在它诞生之时，共有63 个已知元素。如今，已知元素已增至 118 个。随着科学技术的进步，门捷列夫周期表在 130 余年的时间里，虽然没有发生根本变化，却逐步进行了完善，增加了近两倍的元素。而且，这一周期表至今还出现在最前沿的元素研究之中，作为化学的"导航地图"发挥着举足轻重的作用，并一直在不断完善。

## 元素周期表的规律

发现新元素、将元素周期表填满是现代科学发展的历史。元素周期表与诸多科学家的辛勤努力密不可分。让我们来一起探索由他们的研究成果完善的元素周期表的奥秘吧！

为了更好地理解元素周期表，首先要对离子、最外层电子、八隅规则（octet rule）等基础知识有所了解。了解了这些化学基础术语之后，再去理解元素周期表的元素分类规则。

### 离子

运动让人口渴。那么，水、果汁、离子饮料、碳酸饮料中，哪一个最解渴呢？大多数运动员在高度消耗体力之后，会喝离子饮料。那么，离子饮料真的比水或碳酸饮料更易吸收吗？

我们在生活中偶尔也使用过离子、电解质、电极、正极、负极等用语。第一次导入以上用语的人是法拉第。1800年亚历山德罗·伏打对外演示了最初的电池（伏打电池）。他做了如下说明，先把金属分别触到电池两极，然后在两端接上铁丝之后浸泡到水中（这里所指的水不是用水分子构成的纯水，而是生活用水），铁丝就会产生气体（氢和氧）。

得知这一消息的法拉第把水换成其他几种液体，反复做了上述实验之后，阐明了电的性质。法拉第认为，如果液体导电的话，物质受电的作用一分为二，它们分别朝两个电极移动。物质仿佛被拉向电极一般，法拉第借用含义为"走"的希腊语，给这样的物质取名为"离子"。把移动向负极的物质命名为阳离子，移动向正极的物质命名为阴离子。

但是法拉第没有弄清离子的真相究竟是什么。后来，瑞典化学家阿伦尼乌斯指出离子其实就是带电的原子或原子团。当时，原子被认为是无法再分解的基本单位，由于

**原子团**

由一个原子组成的离子叫作单原子离子，由多个原子组成的离子被称为离子团或多原子离子。例如：$Na^+$、$Cl^-$为单原子离子；$CO_3^{2-}$为离子团。

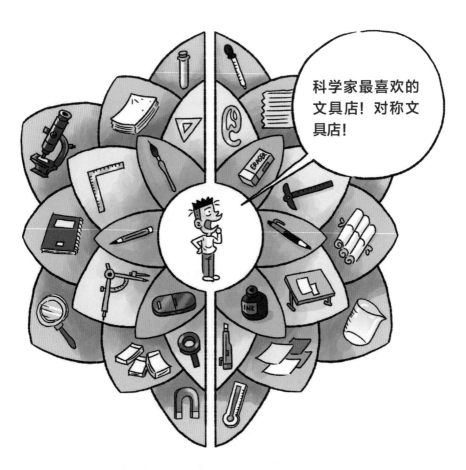

自然界中有很多肉眼可见的对称性。对于科学家来说，与外在的对称性相比，他们更看重自然法则具备的对称性，并致力于在这些对称性中寻觅宇宙的根本原理和规则性

无法理解它为什么带电，所以阿伦尼乌斯的主张没有被认可。直到原子结构被阐明之后，阿伦尼乌斯的主张才被接受，他在 1903 年获得了诺贝尔化学奖。

进入 20 世纪，原子是由质子和中子组成的原子核与

滋滋—

法拉第的电子分解

电池之间用金属连接

锌板

在盐水中浸泡过的布

铜板

正在被分解的液体

原来用电可以分解物质呀！

正极

负极

阴离子

分解为离子

阳离子

电子构成的事实被阐明，离子的真相也随之被阐明。离子可以分为两种，一种是失去带负电荷的电子形成的阳离子，另一种是获得电子形成的阴离子。

离子在我们日常生活中起着至关重要的作用。电池或漂白剂利用的就是离子现象，食物的消化、信号传达至大脑、血液中渗透压的维持、细胞形状的维持也都会使用到离子。因此，没有离子我们就无法生存。

前文提及的关于离子饮料比水或者碳酸饮料更易吸

## 阳离子

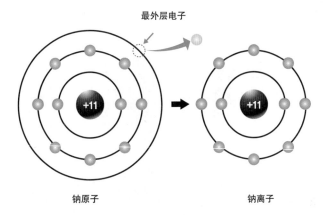

最外层电子

钠原子　　　　　　　　　　　　　　钠离子

钠原子（Na）失去一个电子成为钠的阳离子（Na$^+$）。中性的钠原子失去一个电子，钠的质子的总电荷为 +11，电子的总电荷为-10，因此钠离子携带 +1 正电荷

## 阴离子

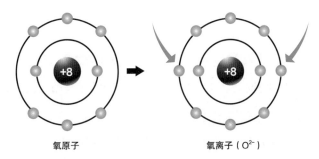

氧原子　　　　　　　　　　　　　氧离子（O$^{2-}$）

氧原子（O）获得 2 个电子，成为氧的阴离子（O$^{2-}$）。中性的氧原子获得 2 个电子，氧的质子总电荷为 +8，电子总电荷为-10，因此氧离子携带-2 负电荷

收的问题，一定程度来说是正确的。不过，只有在因剧烈运动出现脱水或者盐分流失严重的情况下，离子饮料才有效果。另外，离子饮料含有会引起微小副作用的添加物，建议不要过多饮用。无论是什么东西，都不宜过量。

## 最外层电子与八隅规则

玻尔将电子看作粒子，认为电子不是在原子核周围无序存在，而是在特定的能级轨道——电子层上做圆周运动。电子层依次按照距离核从近到远的顺序被命名为 K、L、M、N 层。

电子填充电子层时，从能量低的内层依次向外填满。此时，进入外层（最外壳层）的电子被叫作最外层电子（outermost electron）。进行化学结合时，表示与几个原子进行结合的原子价由最外层电子决定，被称为原子价电子（valence electron），即原子进行化合时，只有最外层电子参与结合。因此，最外层电子是影响原子化学属性的重要电子。

在原子里，氩（质子数 18）的最外层由 8 个电子组成。拥有 8 个最外层电子的氩几乎不与其他原子发生化学反应。这意味着现有的电子排列足够稳定，不需要发生变

**电子层**

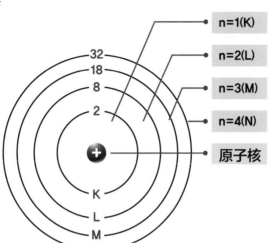

电子层用序号和记号表示。用序号表示，叫作主量子数（n）。用记号表示，则称为 K，L，M，N 层。

玻尔将电子层比喻为梯子，认为电子层离核越远，能级越高，间隔越小。各电子层可以容纳的最大电子数是 $2n^2$。K，L，M，N 层可分别容纳 2，8，18，32 个电子

化。像氩一样不与其他原子结合、充分稳定的元素叫作惰性气体。

比如，打工站了一整天，大家就会想坐到椅子上。又比如，一整天都坐在书桌前努力学习，大家就会想躺到床上休息。这些现象都是非常自然的。所有的自然都是想从不稳定状态转入稳定状态。站着比坐着消耗位能大，处于

## 最外层电子

最外层电子

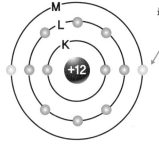

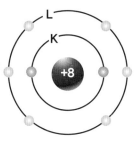

镁（左，质子数 12）和氧（右侧，质子数 8）的电子排列。镁原子 M 层有 2 个电子，氧原子的 L 层有 6 个电子，均为各元素的最外层电子

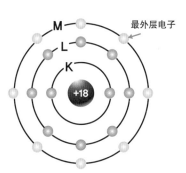

最外层电子

惰性气体氩原子的最外层（M）有 8 个最外层电子，较为稳定

不稳定状态。同理，坐着比躺着消耗位能大。最稳定的是消耗位能最小的状态。所以，人们躺着的时候最稳定。

　　最稳定原子的电子排列与氩相同。虽然每个原子的最外层电子数各不相同，但是最终要么是从其他原子那里抢来最外层缺少的电子，要么干脆把最外层电子全部丢掉来维持里层稳定的电子排列。这是化学最基本原理之一的八隅规则。换言之，这个原理以最外层电子数是 8（最外层如果是 K，则为 2，以此类推）为目标，接受或共享电子，以此完成稳定的电子排列。这一定律是原子通过化学结合形成分子的过程中，非常重要的原理。

钠原子的最外层只有一个电子。为了像氩一样拥有 8 个最外层电子，钠需要从其他原子处抢来 7 个电子，或者舍弃最外层 M 层仅有的一个电子，以 L 层的 8 个电子作为最外层电子。哪个更有效率呢？当然是后者。钠原子失去一个电子可以满足八隅规则，获得稳定的电子排列，成为 +1 价的阳离子（$Na^+$）。

## 族与周期

元素周期表由族和周期构成。族与周期之中蕴含着怎样的规律呢？元素周期表的纵列叫作"族"。1 族元素有氢、锂、钠，最外层电子数是 1 个。2 族元素的最外层电子数均为 2 个。同族元素拥有相同的最外层电子数。元素的电子里，参与化学结合的就是最外层电子。因此，同族元素的化学属性相似是因为其最外层电子数相同。

在元素周期表中横向叫作"周期"。1 周期的氢和氦拥有 1 个电子层，2 周期的元素均为 2 个电子层。以此类推，相同周期的元素具有相同数量的电子层。

## 族与周期

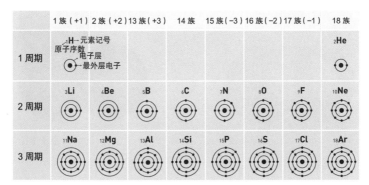

根据玻尔的原子模型，原子序数 1～18 的原子基态的电子排列

## 原子半径

原子半径一般是指同类的两个原子结合时，两原子核间距的一半。氢作为两个原子的分子，其原子半径被定义为分子中两个原子核间距的一半。像钠一样的金属，在钠结晶体里，距离最近的原子核间距的一半被定义为钠的原子半径。

原子半径受电子层数与有效核电荷的影响。随着电子层数增多，原子价电子与原子核的距离增大，因此原子半

## 原子半径

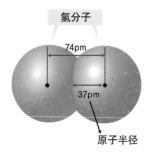

氢分子

74pm

37pm

原子半径

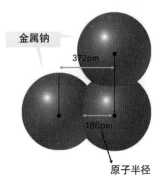

金属钠

372pm

186pm

原子半径

氢原子的半径是原子核间距的 1/2，钠原子的半径是距离最近的原子核间距的 1/2

径变大。与此相反，随着有效核电荷增大，原子核与原子价电子之间的静电引力增强，因此原子半径变小。

电负性

**有效核电荷**
指的是考虑到电子之间的排斥力，实际作用于电子的核电荷的值。

除了 18 族惰性气体以外，大部分元素无法独立存在，而是以化合物存在。参与化合的原子从其他原子处接受电子，或者相互共享原

## 元素们的原子半径

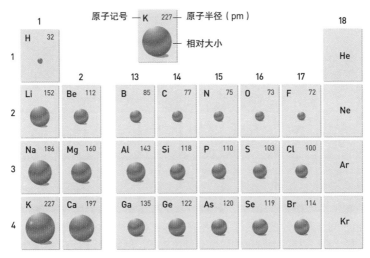

在同族内，随着原子序数增大（从上向下），原子半径增大。在相同周期里，原子序数增大（从左到右），原子半径减少。由于原子半径非常小，所以使用纳米（nm）或皮米（pm）作为长度单位（1 米等于 $10^9$ 纳米，$10^{12}$ 皮米）

子价电子。电负性是指共享两个原子价电子进行结合（共价键）时，由于每个原子对电子吸力各不相同，所以共享电子对会倾向其中一方。

在共价键分子中，对共享电子对的吸力大小用相对数值来表示，被称为电负性。这时，相对数值的标准原子是氟。美国科学家鲍林把对电子对吸力最大的氟的电负性定为 3.98，以此类推其他原子的电负性。

## 元素周期表与离子

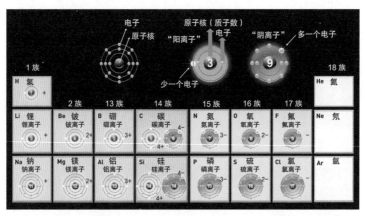

由于同族原子的最外层电子数相同，形成离子时，电子的增减数也相同，因此最终成为携带相同电荷量的离子。例如，2 族元素都成为 2 价阳离子，15 族元素都成为 3 价阴离子

在元素周期表里，同族元素的电负性随着原子序数增大而减少。原子序数增大，电子层数增多，因此原子半径变大。原子半径变大，原子核和电子之间的引力减小，与其他原子共价键时吸引电子对的力也随之变弱。

与此相反，相同周期的原子序数越大，电负性越强。此时，电子层数与原子序数增加无关，但是质子数增多，有效核电荷随之增大。这样一来，导致原子半径变小，原子核与电子之间的引力作用变强，因此在形成共价键时，会强势吸引共享电子对。

| 周期\族 | 1 | 2 | 3 | 4 | 5 | 6 | 7 | 8 | 9 | 10 | 11 | 12 | 13 | 14 | 15 | 16 | 17 | 18 |
|---|---|---|---|---|---|---|---|---|---|---|---|---|---|---|---|---|---|---|
| 1 | H 2.20 | | | | | | | | | | | | | | | | | He |
| 2 | Li 0.98 | Be 1.57 | | | | | | | | | | | B 2.04 | C 2.55 | N 3.04 | O 3.44 | F 3.98 | Ne |
| 3 | Na 0.93 | Mg 1.31 | | | | | | | | | | | Al 1.61 | Si 1.90 | P 2.19 | S 2.58 | Cl 3.16 | Ar |
| 4 | K 0.82 | Ca 1.00 | Sc 1.36 | Ti 1.54 | V 1.63 | Cr 1.66 | Mn 1.55 | Fe 1.83 | Co 1.88 | Ni 1.91 | Cu 1.90 | Zn 1.65 | Ga 1.81 | Ge 2.01 | As 2.18 | Se 2.55 | Br 2.96 | Kr 3.00 |
| 5 | Rb 0.82 | Sr 0.95 | Y 1.22 | Zr 1.33 | Nb 1.6 | Mo 2.16 | Tc 1.9 | Ru 2.2 | Rh 2.28 | Pd 2.20 | Ag 1.93 | Cd 1.69 | In 1.78 | Sn 1.96 | Sb 2.05 | Te 2.1 | I 2.66 | Xe 2.60 |
| 6 | Cs 0.79 | Ba 0.89 | * | Hf 1.3 | Ta 1.5 | W 2.36 | Re 1.9 | Os 2.2 | Ir 2.20 | Pt 2.28 | Au 2.54 | Hg 2.00 | Tl 1.62 | Pb 1.87 | Bi 2.02 | Po 2.0 | At 2.2 | Rn 2.2 |
| 7 | Fr 0.7 | Ra 0.9 | ** | Rf | Db | Sg | Bh | Hs | Mt | Ds | Rg | Cn | Uut | Fl | Uup | Lv | Uus | Uuo |

| | 3 | 4 | 5 | 6 | 7 | 8 | 9 | 10 | 11 | 12 | 13 | 14 | 15 | 16 | 17 |
|---|---|---|---|---|---|---|---|---|---|---|---|---|---|---|---|
| * | La 1.1 | Ce 1.12 | Pr 1.13 | Nd 1.14 | Pm 1.13 | Sm 1.17 | Eu 1.2 | Gd 1.2 | Tb 1.1 | Dy 1.22 | Ho 1.23 | Er 1.24 | Tm 1.25 | Yb 1.1 | Lu 1.27 |
| ** | Ac 1.1 | Th 1.3 | Pa 1.5 | U 1.38 | Np 1.36 | Pu 1.28 | Am 1.13 | Cm 1.28 | Bk 1.3 | Cf 1.13 | Es 1.3 | Fm 1.3 | Md 1.3 | No 1.3 | Lr 1.3 |

* 是相同周期的原子序数增加，则电负性增强；同族的原子序数越大，电负性则减小

电负性的周期性，是相同周期的原子序数增加，则电负性增强；同族的原子序数越大，电负性则减小

原子们结合生成分子时，电负性在决定化合的种类方面发挥着极其重要的作用。发生化合反应时，两个元素之间的电负性差别极为悬殊的原子形成离子键，电负性差别较小的原子之间进行极性共价键结合，几乎没有电负性差别的原子之间则进行非极性共价键结合。

## 金属性与非金属性

元素可以分为金属、准金属、非金属。除了水银汞（Ag）之外，大部分金属元素在常温下是固态。金属元素失去电子成为阳离子，这时从金属元素中释放出的电子在阳离子之间自由移动，以阻止阳离子因相互排斥而分散。处于这一状态的电子被称为自由电子（Free Electron）。几乎金属具有的所有化学特性都由自由电子来体现。位于元素周期表左侧中间部分的金属元素占据着整个周期表中最多的位置。

非金属的含义为"不是金属"，具备获得电子成为阴离子的特性。非金属元素位于元素周期表的右上部分。大部分非金属元素的导热性和导电性不佳，在常温下是气体或液体状态，不过硫和碳以固体状态存在。

准金属元素在元素周期表中位于金属与非金属的交界部分，其性质处于金属与非金属之间。硅、锗（Ge）

## 元素周期表的金属性与非金属性

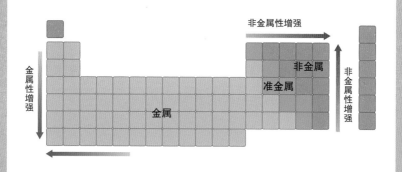

一般来说，周期表自右向左、自上向下，金属性随之变大。非金属性则与其相反。这与其成为阳离子或阴离子的性质相关

等准金属元素作为半导体，主要应用于电脑和太阳能电池等。

　　一般而言，越靠近元素周期表的左侧和下方，金属性随之变大。原因是原子半径变大，原子核与最外层电子之间的引力变弱，因此电子容易脱落，成为阳离子。相反，越靠近周期表右侧与上方，原子半径变小，因此容易获得电子，成为阴离子，从而非金属性增强。

　　此外，也可以通过玻尔模型所体现的短周期型元素周期表，较为容易地理解金属与非金属的这种倾向。隶属于

1 族至 13 族的元素形成离子时，全部成为阳离子，这意味着原子比较容易失去电子，这就是金属性。相反，隶属于 14 族至 17 族的大部分元素成为离子时，全部成为阴离子，这就是非金属性。

现在大家是否能掌握一些元素周期表里的规律性了呢？利用已说明的元素周期表的规则，我们进一步可以理解什么呢？

比如，研究铝和氧结合生成氧化铝（$Al_2O_3$）的原理。氧化铝为什么会由 2 个铝原子与 3 个氧原子结合构成分子呢？铝（金属）属于 13 族，与其他元素相遇，会失去 3 个电子成为 +3 价离子（$Al^{3+}$）。氧（非金属）是 16 族，与其他元素相遇，会从对方原子处获得 2 个电子，成为 -2 价阴离子（$O^{2-}$）。两个离子被静电力吸引结合成为中性物质（分子）。为此，需要 2 个铝离子（+6）与 3 个氧离子（-6）相结合。所以，氧化铝的分子式为 $Al_2O_3$。此时，2 个铝与 3 个氧均满足八隅规则，结合成为稳定的化合物。因此，了解元素周期表的规则，不需要死记硬背，就可以写出氧化铝的分子式。

元素周期表将 118 种元素按照原子序数进行排列，并将具有相似化学属性的元素分为 18 族。像围棋棋盘一样的元素周期表除了如今已阐明的规律之外，还蕴藏着其他许多规律。掌握了这些规律，就可以说明宇宙万物是如何生成的。以现在掌握的元素周期表规律为基础，还可以探明我们的身体和我们周边的物质是如何构成的。

# 阿伏伽德罗定律

1808 年，盖·吕萨克发现"处于相同温度和压力下的气体进行反应时，发生反应的气体与生成气体的体积一定是整数比"，被称为"气体反应定律"。

1811 年，阿伏伽德罗发表了如下假说：第一，"在相同温度和压力下，相同体积的气体分子数相同，与气体种类无关"。第二，"气体分子由两个或两个以上的基本粒子（原子）构成"。他以第一个假说为基础，通过比较气体密度，计算分子的相对重量。他利用第二个假说，根据计算出的分子的相对重量，提出氧原子和氮原子的原子量应分别为 15（实际为 16）和 13（实际为 14）的主张。

根据气体反应定律，氢气和氧气生成水（水蒸气）的反应，各气体的容量比为 2∶1∶2 的整数比。道尔顿主张物质由再也无法分割的坚实球状原子构

## 气体反应定律和阿伏伽德罗定律

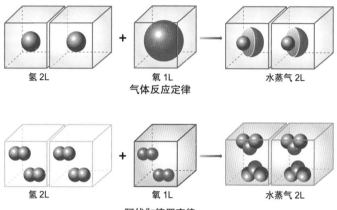

氢 2L

+

氧 1L
气体反应定律

水蒸气 2L

氢 2L

+

氧 1L

水蒸气 2L

阿伏伽德罗定律

氢气和氧气发生反应生成水（水蒸气）的过程中，在 2L 氢气中加入 1L 氧气，使其发生反应，会生成 2L 的水蒸气。能够清楚说明气体反应定律的是阿伏伽德罗定律

成。但是，如上图，若想生成水，则必须要分割氧原子。因此，道尔顿的原子说无法说明气体反应定律。然而，根据阿伏伽德罗假说，与气体种类无关，相同体积的气体分子数相同，所以 1L 体积可容纳的氢分子、氧分子、水蒸气分子的数量相同。这一假说可以清楚地说明气体反应的定律。

阿伏伽德罗定律不仅能够说明气体反应定律，而且在化学中最先导入了最重要的分子概念，为准确测定原子量提供了根据。但是，当时的化学家并不能轻易接受这一假说。那时，化学家对元素尚未有准确的概念（构成元素的最小单位粒子被称为原子），对分子也没有明确的区分，而且测定的原子量也与实际不符，化合物的化学式也各不相同，总之，化学尚处于混沌状态。

后来，阿伏伽德罗的假说经过他的学生坎尼扎罗（1860 年在卡尔斯鲁厄学会上，他介绍了依据阿伏伽德罗定律测定原子量和分子量的方法）的努力，从19 世纪后期开始被接受，因此，化学界的混沌被逐渐厘清。门捷列夫也以阿伏伽德罗的假说为基础，再次修正了已知元素的原子量，并于 1869 年公布了元素周期表。

# 盐水的电解

　　纯净的水无法导电。但是用沾水的手拿着插头去插插座时，却有触电的危险。这是为什么呢？答案是"离子"。水管里的水含有钠离子、氯离子、钾离子等矿物质成分。另外，我们手上的汗也含有离子成分。因此，手上有水的情况下，汗水里的离子和水管里的离子相结合，就会出现导电状态。

**水**
仅以水分子构成的蒸馏水。

　　电流随着电子移动而传导。由于失去或接受电子，形成离子。离子从负极接受电子，再将电子输送到正极，电流伴随着电子移动被传导。盐水（NaCl溶液）可以导电，原因是盐水中溶有钠离子和氯离子。总而言之，离子起导电的作用。

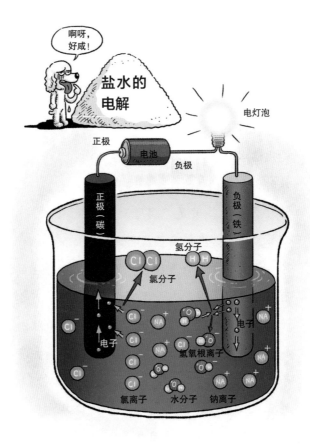

氯离子（Cl⁻）向正极移动，运送电子。钠离子（Na⁺）虽然向负极移动，但是由于水比钠离子接受电子的属性更强，所以水分子从负极得到电子，被电解为氢离子（H⁺）和氢氧根离子（OH⁻）。在这个过程中，电子发生移动，出现电流传导

# 发展中的元素周期表

现在，在化学课本或实验室墙上贴着的元素周期表是继门捷列夫的研究之后，化学家们经过无数次努力和修正的成果。如今，周期表的样式是争议对象，这其实昭示着未来发展之路。元素周期表经化学国际学术机构——国际纯粹与应用化学联合会（IUPAC）决定，成为国际标准。

近来，关于氢的位置出现了新的提案。目前，氢位于1族锂的上面。这是因为氢的原子价电子数是1，与在最外层电子也是1的锂具有相同的电子排列。但是，新的提案指出，锂是金属元素，而氢不是，另外氢和18族惰性气体的性质相似，因此建议应该将氢排到周期表的中间位置。按照现在的国际标准，氢依然位于最左侧，不过很难预料这场争论的未来趋势。除此之外，还有建议称，应该把氦放到原子价电子数为2的铍上面，但也有人说氦的惰性气体特性非常明

# 现代元素周期表

国际纯粹与应用化学联合会创制的长式周期表，该表将118个元素分类为7个周期，18个族

| 周期＼族 | I | II | | | | | | | | | | | III | IV | V | VI | VII | VIII |
|---|---|---|---|---|---|---|---|---|---|---|---|---|---|---|---|---|---|---|
| 1 | 1 H | | | | | | | | | | | | | | | | | 2 He |
| 2 | 3 Li | 4 Be | | | | | | | | | | | 5 B | 6 C | 7 N | 8 O | 9 F | 10 Ne |
| 3 | 11 Na | 12 Mg | | | | | | | | | | | 13 Al | 14 Si | 15 P | 16 S | 17 Cl | 18 Ar |
| 4 | 19 K | 20 Ca | 21 Sc | 22 Ti | 23 V | 24 Cr | 25 Mn | 26 Fe | 27 Co | 28 Ni | 29 Cu | 30 Zn | 31 Ga | 32 Ge | 33 As | 34 Se | 35 Br | 36 Kr |
| 5 | 37 Rb | 38 Sr | 39 Y | 40 Zr | 41 Nb | 42 Mo | 43 Tc | 44 Ru | 45 Rh | 46 Pd | 47 Ag | 48 Cd | 49 In | 50 Sn | 51 Sb | 52 Te | 53 I | 54 Xe |
| 6 | 55 Cs | 56 Ba | * | 72 Hf | 73 Ta | 74 W | 75 Re | 76 Os | 77 Ir | 78 Pt | 79 Au | 80 Hg | 81 Tl | 82 Pb | 83 Bi | 84 Po | 85 At | 86 Rn |
| 7 | 87 Fr | 88 Ra | ** | 104 Rf | 105 Db | 106 Sg | 107 Bh | 108 Hs | 109 Mt | 110 Ds | 111 Rg | 112 Cn | 113 Uut | 114 Fl | 115 Uup | 116 Lv | 117 Uus | 118 Uuo |

| * | 57 La | 58 Ce | 59 Pr | 60 Nd | 61 Pm | 62 Sm | 63 Eu | 64 Gd | 65 Tb | 66 Dy | 67 Ho | 68 Er | 69 Tm | 70 Yb | 71 Lu |
|---|---|---|---|---|---|---|---|---|---|---|---|---|---|---|---|
| ** | 89 Ac | 90 Th | 91 Pa | 92 U | 93 Np | 94 Pu | 95 Am | 96 Cm | 97 Bk | 98 Cf | 99 Es | 100 Fm | 101 Md | 102 No | 103 Lr |

碱金属　金属　碱土金属　准金属　镧族　非金属　锕族　卤族元素　铜族　过渡元素　惰性气体

## 关于氢位置新提案的周期表

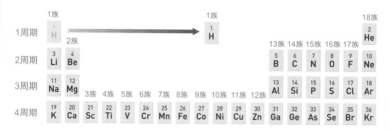

从电子排列来看，氢属于 1 族，但是其属性与惰性气体非常相似，所以应该排在周期表的中央

显，放到氦的上面最为恰当。

不仅有关于元素位置变化的主张，也有改变周期表形态的提议。日本的渡边善照提出将周期表制作成卷轴样式。现在的周期表由 18 个族与 7 个周期构成，从平面上来看，3 周期的镁和铝分在两边。但实际上原子序数为 12 号的镁与原子序数为 13 号的铝应

该连在一起。为了改善这一点，建议周期表改为卷轴形式。

化学家吉格尔还提议了立体元素周期表。位于周期表下端的镧族和锕族元素，没有进入现在周期表的"框架内"，而是位于"框架外"。他建议按照元素最外层电子的轨道，对元素进行立体地分类，把位于框架之外的镧族和锕族元素纳入周期表中。另外，他还建议根据轨道选择不同的色彩，达到一目了然的效果。如果今后继续发现新元素，可以预见会出现另一个"框架外"的元素，这一周期表可以解决此类问题。

化学家弗尔南多·杜福则将同一周期的元素放在

同一平面上。从上面俯瞰时，同族元素为一列。从周期表中心往下看，各平面同方向的元素化学性质也十分相似。这一形态强调的是，周期元素的规则性自上而下随之增强。

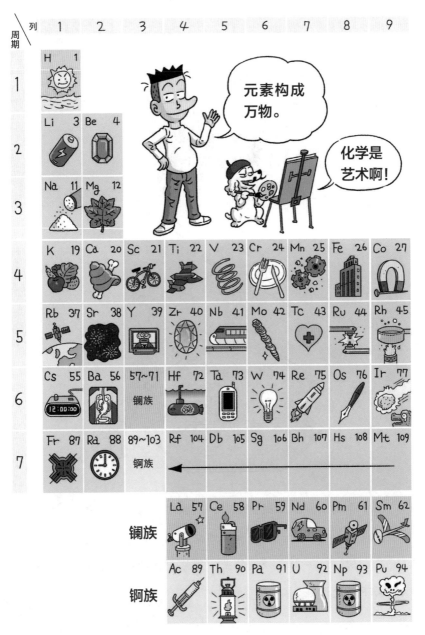

通过周期表可以了解构成宇宙万物的元素是什么，而周期表整理的元素的规律性，成为理解万物构成原理的基础

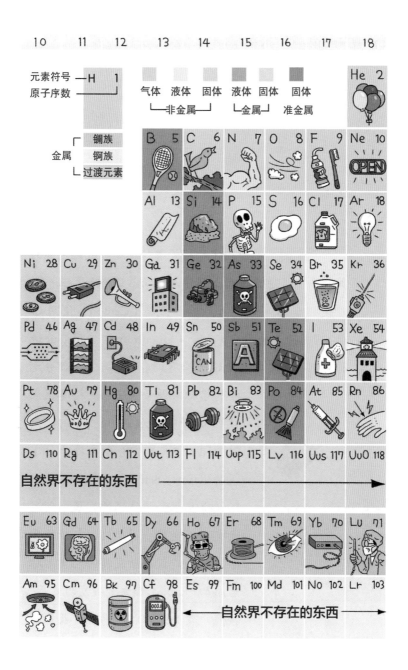

# 日常生活中的元素

元素的名称使用字母符号进行标记。标记元素的第一个字母通常使用大写字母，而第二个和第三个字母使用小写字母即可。例如，碳（Carbon）使用 C，钴（Cobalt）使用 Co，元素（Ununtrium）使用 Uut 进行标记。大多数元素都选择英文名称的缩写，部分元素的名称来源于拉丁语。极具代表性的例子有金（Au）、钠（Na）、铁（Fe）等。它们分别来源于拉丁语的 aurum、natrium、ferrum。

得益于科学技术的发展，新元素被不断发现。国际纯粹与应用化学联合会建议在新发现的元素名称后添加"ium"。新元素被发现之后，按照规定先冠以临时名称，获得国

## Ununtrium

Ununtrium 的正式名称尚未确定，现有的提案是 japonium、rikenium、Becquerelium 等。

际认同后才确定正式名称。

在周期表的元素记号之中，以在科学史上留下伟大业绩的科学家的名字来命名的元素非常之多。这是为了铭记发现这些元素的科学家的名誉。最典型的例子是，原子序数 101 的钔（Md）。这个元素以创制周期表的伟大化学家门捷列夫的姓名来命名。除此之外，姓名登上元素周期表的科学家还有居里夫妇（锔 Cm），爱因斯坦（锿 Es），费米（镄 Fm），诺贝尔（锘 No），劳伦斯（铹 Lr），卢瑟福（𬬻 Rf），玻尔（𬭛 Bh），西奥格（𬭳 Sg），迈特纳（鿏 Mt），伦琴（𬬭 Rg），哥白尼（鿔 Cn）等。另外，钋（Po）和镭（Ra）则是居里夫妇（玛丽·居里与皮埃尔·居里）在含铀的矿物（沥青铀矿）里，寻找放射线源头物质的过程中发现的。其中一个元素因为玛丽·居里表达对自己的祖国波兰的热爱而被命名为"钋"。如同元素名称被约定为元素记号，对于全世界的科学家而言，元素记号作为通用语言被使用。

那么，元素与我们的日常有怎样的关联呢？如果我们选择与现代生活紧密相关的生活用品的话，无疑是手机、电脑、电视。这些物品是由什么元素构成呢？手机的主要构成元素为砷、锂、锰、钴、镓、金、钽等。电脑则由锂、金、镍、银、铜、钌、铅、镓、溴、铁、钼等元素构成。液晶电视导电性强、屏幕透明性好，其主要构成元素为铟。此外，手机中不可或缺的能源是锂电池，它由质量相当小的锂构成。照相机视野鲜明的广角镜头则使用了镧。操作电脑时，可以记录信息的 DVD 光盘的主要元素是碲。而音响使用了锆和钕。

再来看一下我们生活的房子。建造房子时，使用了钢筋（含铁）、水泥（含硅、氧）、铝窗（铝）、玻璃（含硅、氧）等。另外，荧光灯和白炽灯（含水银、钨、氩）、窗帘（含碳、氢、氧），各种生活用品的材料——塑料（含碳、氢、氧、氮）等。钠在家庭生活中是使用频率相当高的元素。厨房的食盐（氯化钠）、化学调味料（谷氨酸钠）、发酵粉（碳酸氢钠）和洗衣房里的漂白剂（次氯酸钠）、肥皂也含钠。洗澡时使用的沐浴露（碳酸氢钠）也使用了钠。除此之外，还有豆腐固化使用的卤水中含有镁元素，制造铝箔的铝、作为玻璃和婴儿奶瓶奶嘴材料的硅等，元

自 2004 年起，成为启动国际原子时标准的铯原子钟表 FOCS-1

素的使用真是多种多样。

　　在我们的日常生活中，其他几个至关重要、实用性极高的元素有铯、氯、钛等。

　　我们使用的时间单位"1 秒"的标准是什么呢？长久以来，时间的长度以地球自转的速度为标准。但是，在 1967 年的国际计量大会（CGPM）上，科学家们协商更准确地测量时间时，论及的元素就是铯。如今的 1 秒以铯原子的超精细能级跃迁电磁辐射周期为标准。铯原子以拥有最高精密度而著称，30 万年仅有 1 秒的误差。氯在游泳场或管道杀菌时会被使用，钛则被用作矫正视力的眼镜的材料。

使用所有这些物品的主体——我们的身体也由碳、氢、氧、氮、磷、硫等主要元素构成。碳是提供生命体和食物的生命源泉的元素。细胞及DNA也必须有碳才能够生成，碳水化合物或蛋白质等生命体生存所必需的营养物质也都是碳化合物。根据碳自身的结合方式，可以成为铅笔芯，也可以成为钻石，石油、塑料、衣物、药品等也均由碳制造而成。氢是宇宙诞生之初最早出现的元素，是创造宇宙的元素。氢与氧结合生成水，而水对于地球和人体来说，是不可缺少、极其重要的物质。生命体的遗传物质DNA的双螺旋结构，也是通过与氢结合生成的。氧约占空气的20%，它生成臭氧层保护地球，使地球上的生物免受太阳强紫外线的伤害。它更重要的作用是让生命体得以呼吸、维持生命。氧以其强大的化合能力，与各种物质结合，改变物质的属性。金属生锈或有机物腐烂是最典型的例子。氮是约占空气80%的重要元素，构成人体蛋白质基本单位氨基酸。虽然氮是非常稳定的元素，但是氮的化合物硝化甘油却可以作为炸药使用。磷在DNA和骨头之中都存在，也可以用作农作物的肥料。硫与蛋白质结构有关。这两种元素在我们身体中虽然仅有少量存在，但依然是相当重要的元素。

因此，我们的日常生活与元素之间存在不可分割的紧密关系，随着时间的流逝，我们生活空间内使用的元素种类不断增多。提到"全球化"，人们一般会联想到金融和政治，不过，从某种意义来说，元素才是最强大的全球化选手。中东的土壤中埋藏的石油（主要成分是碳和氢）成为制作塑料和塑料袋的材料，液晶电视的主要构成元素铟来自中国的稀土矿。另外，空气中的二氧化碳中含有的碳，可以通过植物的光合作用生成碳水化合物，成为餐桌上的食物，而这些食物又转化为构成我们身体的元素。因此，元素连接世界，在自然界循环往复。更进一步来说，所有的元素都是宇宙物质界的基本材料。

# 物质的生成

虽然，元素周期表中只有 118 个元素，但在自然界中存在着比这多得多的化合物。在宇宙大爆炸中生成了氢和氦，在星球上生成碳和氧等元素。在宇宙中形成的元素再组合成化合物分子，然后这些分子在宇宙中飘荡的过程中，逐渐形成地球以及地球上的生命。那么，在宇宙中形成的分子是如何生成的呢？组成人体的主要元素不过十多种，那这十多种元素是如何进行组合，发展成为可以造就生命体的氨基酸分子以及承载着遗传信息的 DNA 单体的呢？而这些分子又如何进行组合，生成构成生命体的重要高分子物质蛋白质、DNA，并进一步生成细胞的呢？人体是由约 $10^{28}$ 个左右的原子进行化学结合而生成的结晶

照片中不但可以看到星体，也可以看到星体之间（星际）存在的由尘埃组成的蓝色星云（反射星云 NGC1333）。某种意义上来说，我们均由星际尘埃形成

体。接下来让我们看一看，作为如此精巧的原子集合体的人体，到底是如何形成的。

## 分子的出现

分子是由两个以上的原子结合构成的、呈现中性的粒子。分子是表示物质性质的最小单位。

在宇宙中，分子在与星体稍有距离的星体与星体之间，即多存在于星际空间。在星际空间存在的原子有氢、氦、氧、碳、氮等。打个比方，假如宇宙中有100万个氢，则其余的原子以8万个氦、840个氧、560个碳、95个氮的比例存在。氢和氦作为宇宙大爆炸时期所形成的元素，占据宇宙元素的绝大部分。而较为丰富的氧、碳、氮等元素在星体内部生成之后，通过超新星爆炸释放到外部（宇宙空间）。在这些原子中，氦完全不参与化学结合，其余原子中的一部分参与结合并形成分子。

在星际空间中，最常见的分子是氢，还有一氧化碳、氮、水以及微量的氰化氢（HCN）、二氧化碳（$CO_2$）和氨（$NH_3$）。这些分子在哪里形成，又是如何形成的呢？

产生化学反应要满足两个条件。首先需要在粒子之间产生有效碰撞（向产生化学反应的方向冲撞），其次就是在粒子之间需要存在一定量以上的能量（活性能量）。也就是说，为了产生化学反应，需要满足可触发化学反应的适量粒子浓度和温度条件。那么，星际空间可以满足生成这些分子的反应环境吗？

星际空间中存在着大量的氢，这意味着单位时间内可生成大量的氢分子，而且产生的氢分子不仅不会转化为其他物质，也不会轻易分解。为了生成大量氢分子，首先需

## 浓度

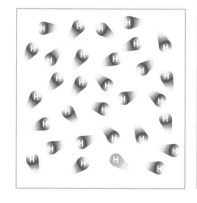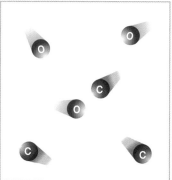

原子的反应速度根据浓度存在差别。浓度是指单位体积内的粒子的摩尔数（个数）

要有氢分子的材料——氢元素大量存在，且经常发生碰撞才行。

但实际上，在星际空间内，原子直接发生碰撞、成为分子非常困难。因为虽然氢、氧、碳、氮等元素在星际空间比其他种类元素丰度更大，但实际上其绝对浓度依然非常低，所处的温度也十分低。因此，就算经过了漫长的时间，原子们直接碰撞、生成分子的反应也几乎不会发生。

分子所形成的地点是正在形成新星体的分子云或微小尘埃的表面。在形成新星体的位置存在着大量尚未形成星体的氢、氮等分子云以及大量的微小尘埃。由于它们阻断了刚诞生的星体发出的光，所以分子云中心的温度甚至低至零下 200 摄氏度以下。因此，原子会与分子云和尘埃的微小冰块发生碰撞，出现吸附现象。随着时间不断流逝，吸附也持续进行，最终会达到元素富集的效果。其结果就是原子在冰块表面相遇并实现化学结合，同时生成简单的化合物。

这样，在星际尘埃上克服不利的反应环境生成分子，在宇宙经过几亿年的飘荡之后，成为生成我们身体的材料。如此看来，我们的故乡便是星体（宇宙），也可以说我们是宇宙的漫长历史精雕细刻出的宇宙星尘。

## 化学键

宇宙的所有物质在生成之初都是单独存在的颗粒。这些颗粒从最小的粒子开始，逐步成为更大的粒子，每一个阶段都存在粒子之间的多种结合方式，最终生成物质世界。例如，1 个质子与 1 个电子结合生成氢原子。2 个氢原子和 1 个氧原子结合生成水分子。水分子再进一步大量结合，就会形成我们每天所喝的水。假如物质世界没有水，或其中某一结合不进行的话，会发生什么呢？我们周围随处可见的树木与房屋，山与河流，还有我们自己都会消失。

物质世界中，粒子越小，结合强度越大。一般而言，相对于液态或固态的水分子之间的力，构成水分子的氢原子-氧原子之间的力更大。相对于氢原子-氧原子之间的力，组成氢原子或氧原子的质子与电子之间的力更大。进一步来说，质子与中子内部有叫作夸克的最基本粒子，夸克就是由自然界中最强大的力——核力所掌控。同时，化学上所关注的大部分物质世界是由存在于宇宙中的四种力维持的，即强核力、电磁力、弱核力、引力。其中，原子与分子世界的力属于类似静电的力。

## 共价键

存在于宇宙中的氢、一氧化碳、氮、水、氰化氢、二氧化碳及氨都是以共价键方式构成的化合物。共价键在物质界是非常重要的化学键。

拔河的两个人假如往相反方向用劲儿拉绳子的话，绳子在紧绷的状态下几乎不会动。此时，二人算是通过绳子绑在了一起。共享同一条绳子并绑在一起的化学键就是共价键。

进一步而言，某原子与其他原子共享电子，如惰性气体一样，形成稳定的电子排列，满足八隅规则。两个以上的原子共享电子对的同时，形成的化学键即共价键。共价

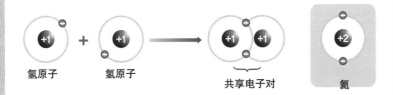

各原子分别让出电子，组成可以共享的电子对。因此，形成如同惰性气体一样稳定的化合。氢的共价键在宇宙之中最为频繁地发生

键常出现于元素周期表中的非金属元素之间。

以宇宙中最常见的氢分子为例，氢原子各让出自己的1个电子，组成一对共享电子对。2个元素以共享电子对的方式达到与氦一样稳定的电子排列。此时，假如只有1个电子层，电子层中含有2个电子（而非8个）是最稳定的电子排列。这种结合就叫作共价键。

生命中不可或缺的水分子是由2个氢原子和1个氧原子组成的共价键。1个氧原子与2个氢原子共享一对电子，以此满足八隅规则。

原子由带正电荷的原子核与带负电荷的电子组成。如此构成的原子们相互接近，倘若要组成一个稳定分子的话，则需要理解原子之间相互作用的引力和斥力之间的关

## 水分子的共价键

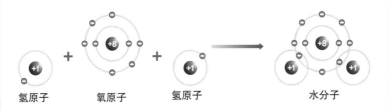

氢原子　　　氧原子　　　氢原子　　　　　　水分子

氧原子和氢原子分别让出一个电子并组成共价键电子对。水分子当中
有 2 个共价键结合

系。首先，让我们先了解一下氢分子形成时，根据两个原子核之间的距离，能量如何发生变化。

　　两个氢原子之间的距离很远，以至于相互之间无法产生影响的时候，两个氢原子之间的引力不发生作用，且能量值也维持在 0。不过，假如氢原子之间的距离变小，一个原子内部的电子与另一个原子的原子核之间的引力会产生作用。而另一个原子也因产生相同的作用力，而会生成相当大的引力。当然，此时两个原子之间的排斥力也会随之增加，并抵消掉一部分引力。但整体而言，伴随引力增加，结合能随之变大。（物体之间的引力产生作用时，物体之间距离越近则势能越低。）原子核之间的距离缩小到 0.074 毫米时，斥力与引力之间达到平衡，且能量最稳定，此时便会形成氢分子。由共价键形成分子的过程是，当两个原子间的原子核与共享电子之间产生作用的引力，与原子核和原子核、电子云和电子云所产生的排斥力达到平衡时，便形成分子。

为说明共价键提供基础的科学家是物理化学家路易斯。他于 1916 年发表了一篇名为《原子与分子》的著名论文。在这篇论文中，他导入了正六面体，并以八隅规则为基础，对共价键进行了说明。

例如，氢与氯的原子价电子分别为 1 个与 7 个。路易斯在正六面体的 8 个顶点上画上了与化学键相关的原子价电子。

氢在正六面体的 1 个顶点画上电子。氯则在正六面体

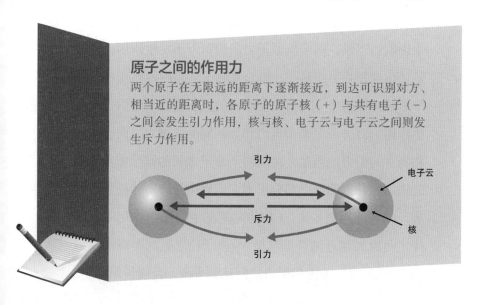

**原子之间的作用力**

两个原子在无限远的距离下逐渐接近，到达可识别对方、相当近的距离时，各原子的原子核（+）与共有电子（−）之间会发生引力作用，核与核、电子云与电子云之间则发生斥力作用。

引力

斥力

引力

电子云

核

## 氢原子之间核间距决定能量

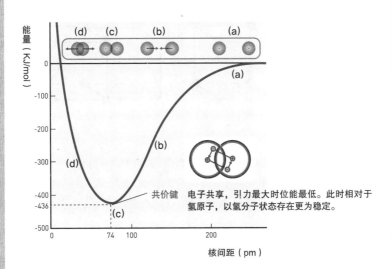

如果两个氢原子相互接近，根据原子之间的相互作用，势能会发生变化。原子之间的引力大于斥力时，势能变低（a → b）。核间距达到74皮米（pm）时，引力与斥力达到平衡，势能最小（-436 kJ/mol），此时出现共价键结合（c）。如果进一步减小原子核之间的距离，则原子核与原子核之间的斥力占据优势，势能会极速上升（d）

的7个顶点上画上电子。然后，让氢的正六面体和氯的正六面体相互接触。此时，氢的电子所在的一个顶点会与氯的正六面体中那个空的顶点重叠。这样一来，氯化氢的8个顶点被全部填满。路易斯通过这种方式，使用化学结合中的"8的规则"与"共享电子的结合"的表达解释了

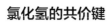
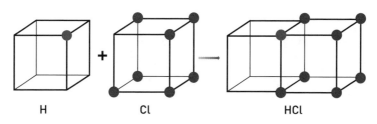

H       Cl        HCl

路易斯通过填满正六面体 8 个顶点的模型，说明了电子共享

化学键。

除此之外，路易斯还解释说，如氯化钠这样极性非常高的化合物（极性化合物）不共享电子对，而进行电子移动，通过离子键组成化合物。像碘（$I_2$）这样的分子，则是通过共享电子对的共价键形成化学结合。

在这篇论文中，路易斯为了表示出化学键，首次使用了以点来表示原子的原子价电子的方法。这种方法被称为路易斯电子点公式。与此同时，为了更方便地显示共价键分子的电子排列，共享电子对使用键线来表示，非共享电子对则由点来表示或者直接省略，我们把这种方式称为路易斯结构公式。

如上所述，所有的化学结合都有电子的参与。原子结

## 路易斯电子点公式和结构公式

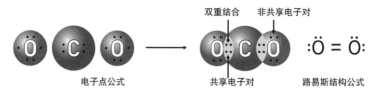

双重结合　非共享电子对

电子点公式　共享电子对　路易斯结构公式

氧的原子价电子一共有 6 个。2 个氧原子如果想要满足八隅规则，需要再得到 2 个电子。因此，2 个氧原子要结合的话，会以共享两对电子的方式完成结合，这被称为双重结合。此时，不参与共价键的电子对被称为非成键电子

合成分子时，根据如何使用电子，可以分为共价键、离子键、金属键。

### 离子键

共价键是原子形成结合时，共享电子对的结合。离子键则是原子在获得或失去电子时所形成的结合。离子键最具有代表性的是氯化钠。钠原子和氯原子相互接近时，钠原子中的一个电子转移到氯原子处，分别形成钠离子和氯离子。此时，由于钠离子和氯离子是带有相反电荷的粒子，所以会受吸引形成氯化钠。这样，通过阳离子和阴离子之间的静电吸引形成的化学键就是离子键。

## 氯化钠的离子键

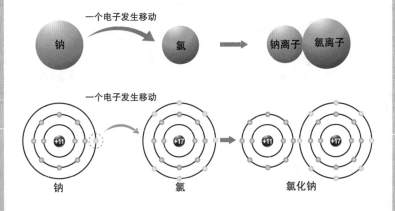

电子从一个原子移动至另一个原子处，受到生成的阳离子和阴离子之间的电磁力作用，会发生两个原子之间的结合

离子键通常发生在容易失去电子的金属元素和容易获取电子的非金属之间。试图结合的两个非金属元素之间，如果电负性差别较大，一个原子核外电子会向另一个原子移动，完成离子化，从而实现结合。

### 金属键

铁、铜、金均为金属原子按照一定规则排列而成的金属结晶体。在金属结晶体中，金属原子的阳离子按照规则

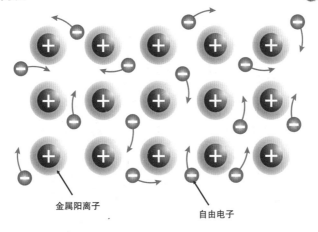

**金属键**

金属阳离子

自由电子

金属键是自由电子在金属阳离子之间自由移动的同时，阻止阳离子之间因相互排斥而分散，从而完成结合

排列，各金属原子释放出的电子不局限于某一原子，而是在金属离子之间的空间里自由移动。这种电子被称为自由电子，并受到金属阳离子和自由电子之间的静电作用，从而完成结合，这被称为金属键。

例如，使用砖块建造房屋。此时，水泥扮演让砖块与砖块之间牢固结合在一起的角色。在原子与原子之间，扮演类似水泥角色的就是化学键。化学键的本质是作为媒介起到帮助电子连接原子核的作用。即，如前所述，静电力是化学键的本质。此时，根据电子被如何使用，来决定化

学键的种类。与此同时，化学键的形成都遵循八隅规则，使系统更趋于稳定。

## 分子之间的作用力

原子通过化学键成为分子。那么，分子之间难道没有相互作用吗？分子与分子之间依靠哪种力实现相互连接呢？让我们存在于这个世界的 DNA 分子又是如何形成的呢？就让我们通过熟知的共价键分子——氯化氢、氧、水分子来解开谜团吧！

### 偶极–偶极力

共价键分子可分为极性分子和非极性分子。极性分子是指形成共价键时，由于两个原子的电负性存在差异，使分子内的共享电子对出现偏移（即极性），从而产生永久性偶极的分子。比如，氯化氢由电负性为 2.1 的氢和电负性为 3.0 的氯形成共价键，这时共享电子对会偏向电负性较强的氯。这样一来，氯化氢分子便由部分带有正电荷的氢和部分带有负电荷的氯构成。极性分子相互接近的话，静电力产生作用。这被称为偶极–偶极力。

**偶极**

极性分子形成共价键时，由于两个原子的电负性存在差异，分子内的共享电子对发生偏移，因此产生部分性偶极。

### 色散力

非极性分子之间也存在力的作用吗？氧与氮是偶极为 0 的非极性分子。这些分子由于原子之间的电负性没有差异，所以无法形成永久性的偶极。但根据分子内的电子移动，电子的分布会出现临时性偏移，出现极化，形成瞬间性偶极。这时，偶极会对邻近分子的电子分布产生影响，

## 偶极－偶极力

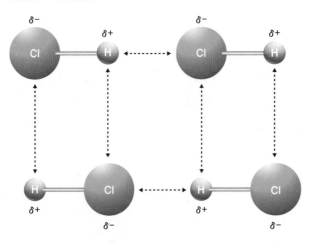

极性分子之间，产生偶极（箭头所标识的力）作用

## 色散力

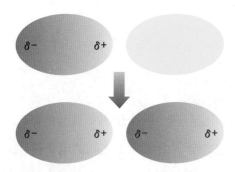

瞬间偶极与被触发的瞬间偶极之间会产生色散力作用

从而引发（触发）偶极。这样产生的瞬间偶极之间的静电作用，被称为色散力，即分子间作用力（范德华力）的主要来源。色散力是较弱的分子之间的作用力，是在非极性分子和所有分子之间都产生作用的力。

**范德华力**

狭义来说，是指色散力。广义而言，是分子之间产生作用的力的统称。

## 氢键

分子之中，有一部分特殊分子进行氢键结合。氢键是如氮、氧、氟等电负性非常大的原子与氢结合时，分子中所显示出的引力。因为水由电负性非常强的氧与氢形成共价键，所以是偶极矩非常大的极性分子。水分子的氢原子带有部分正电荷，氧原子则带有部分负电荷。当水分子们相邻时，氢原子与相邻的分子中的氧之间会产生强大的引力作用。这种力被称为氢键。

与一般的偶极-偶极力相比，氢键非常强大。除水分子之外，代表氢键的还有氨、氟化氢（HF）等。除此之外，作为在生命活动中不可或缺的物质蛋白质的二级、三级结构，与作为生命活动核心物质的 DNA 碱基对，也均由氢键形成。

## 水的偶极矩

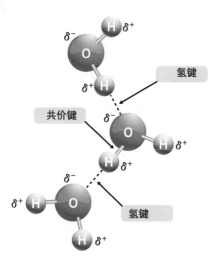

水由电负性极强的氧和氢结合而成，所以偶极矩非常大。因此，氢原子与相邻的分子中的氧原子之间会发生强烈的静电吸引

　　如上所述，分子之间的相互作用（分子之间的作用力）取决于分子的偶极矩，即由偶极矩的值决定分子之间的作用力。

　　综上所述，原子通过化学键组成更稳定的单位，即分子。而分子与分子之间，则是通过分子间作用力相互连接，形成物质。物质则根据温度、压强、表面积不同，以固态、液态以及气态的形式存在。因此，在地球上陆续生成了地表、海洋、大气层，我们人类也得以存在。总之，

## DNA 框架

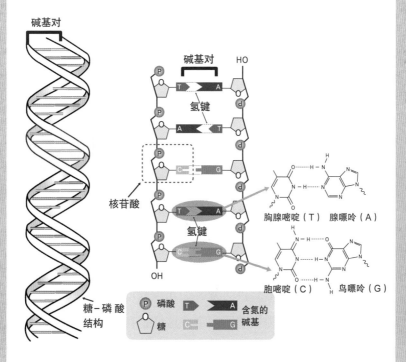

碱基对

碱基对

HO

氢键

核苷酸

氢键

OH

糖-磷酸
结构

P 磷酸    T ▶ ◀ A 含氮的
⬠ 糖    C ▸ ◂ G 碱基

胸腺嘧啶（T） 腺嘌呤（A）

胞嘧啶（C） 鸟嘌呤（G）

DNA 的框架是由共价键构成，并在胸腺嘧啶（T）和腺嘌呤（A）之间形成两个氢键，在胞嘧啶（C）和鸟嘌呤（G）之间形成三个氢键，从而形成由无数个氢键紧密相连的状态。另外，氢键使 DNA 呈双螺旋状

宇宙就是这样形成的。

原子间结合（分子内结合）的本质是静电力。而分子间的相互作用（在分子之间作用的力）也可以说其本质也

是静电力。如果静电力从宇宙中消失，会发生什么呢？倘若如此，周围所有的物质会瞬间分解，并从眼前消失。

静电力是造就世上一切的源泉。物质世界由原子和分子扮演砖块的角色，并通过这种力的极为复杂的相互作用建造出来。

137亿年前，通过宇宙大爆炸在宇宙中生成的氢，与在星体上生成的碳、氧、氮、镁、铁等元素，经过在宇宙中飘荡，最终成为地球的一部分。成为地球一部分的元素们又经过了数十亿年，成为组成我们人体的一部分。人类从出生到成长，到死亡，由微生物将其再次分解为碳、氮、氧、氢等元素。再次分解的元素或许重新绽放为一朵玫瑰，或许转化为氢重回宇宙。这样，在宇宙中生成的元素重复结合与分解，并在宇宙中不断循环。

# 物质的分类

物质可根据构成来划分，也可根据性质来划分。在以不同性质为标准进行划分时，可将物质分为纯净物和混合物，纯净物又可进一步划分为化合物与单质，混合物则包括均一混合物与不均一混合物。

1780 年，贝采里乌斯将物质分为无机物和有机物并加以解释。加热水或盐等物质使其蒸发或融化时，其内部特性看起来似乎产生了变化，但冷却之后，又会恢复原来的化学状态。但若对糖和木头之类的物质加热使其烧焦，则难以恢复原来"未烧焦"的状态。水或盐与"不存活的事物"相关，而糖或木头则与"活着的事物"密切相关，因此将这两个集团分

### 糖和木头

糖是用甘蔗制成的，化学式为 $C_{12}H_{22}O_{11}$。木头的主要组成成分是 $\beta\text{-}C_6H_{12}O_6$。糖和木头是"活着"的物质，是比水和盐更为复杂的物质。糖和木头是有机物，其化合物的构成原子是碳原子和氢原子。

**德国化学家弗里德里希·维勒，他最早在实验室中成功合成了有机物**

别命名为"无机"和"有机"。当时，构成有机物的化合物比构成无机物的化合物复杂得多，有机物如其名称所意味的那样，包含着只有依靠生命体才能形成的意义。

然而在 1828 年，德国化学家维勒在进行其他目的的实验时，偶然发现了一个震惊的事实。当时氰酸铵（$CH_4N_2O$）一直被视为无机物，而维勒在对这一简单的物质加热后产生了尿的构成物质之一——尿素。此后，随着一些类似从与生命毫无关联的物质中制造出有机物的实验的成功，"有机"的定义被改变了。到了 19 世纪末期，有机物只能从生命体中制造出来的意义荡然无存，而把含碳的化合物统分为有机物。因此氰酸铵也是有机物。

　　今天，有机物主要是指以碳原子、氢原子构成的碳氢化合物为基础的化合物。除此之外，也包含某些氮、氧、硫等其他元素的化合物。

# 路易斯的功勋

路易斯出生于美国马萨诸塞州的韦思纽顿，在哈佛大学获得博士学位，后前往德国与奥斯特瓦尔德和能斯特一起研究物理化学。回国之后，先后任教于哈佛和麻省理工学院，后来担任加利福尼亚大学伯克利分校化学系主任，培养出了很多杰出的化学家。他的学生中，有多人成为诺贝尔化学奖获得者，如尤里、乔克、西博格、开尔文等。他本人曾被诺贝尔奖提名 35 次，但并未获得过诺贝尔奖。最遗憾的是，1933 年路易斯成功地分离出纯净的重水（$D_2O$），第二年他的学生尤里因发现了氢的同位素氘（D）而被授予诺贝尔化学奖，但路易斯未能共同获奖。

实际上，路易斯在化学界成就斐然，包括"质能方程诱导""强

**氘**

尤里发现的氘，在宇宙大爆炸中质子变为氦的过程中起到了重要的媒介作用。

**化学物质**

对构成物质的原子、分子、离子等的统称。

吉尔伯特·路易斯（Gilbert Lewis，1875—1946 年）引入了理解所有化学键的基础——八隅规则和基于此定律的路易斯结构式，确立了共价键理论

电解质溶液的离子强度定义""路易斯酸定义"等，以及历时 25 年研究的多种化学物种的"吉布斯自由能测定"，正是基于这一结果，路易斯为化学热力学奠定了坚实的基础。当然他最大的成就是确立了八隅

规则和共价键理论。为了解释化学键，他使用了"8的规则""共享电子的结合"等表达方式。但今天世界上共同使用的"八隅规则"或"共价键"等用语，是兰米尔进一步发展了路易斯的想法创造的便于书写的话语。

　　一天，路易斯同一生的对手兰米尔见面后返回，被人在实验室发现时已是一具尸体。据悉路易斯死于实验事故，在利用氰化氢进行实验时，玻璃器具中的有毒物质漏出致其死亡，但关于他自杀的传闻一时间沸沸扬扬。1954 年，鲍林凭借对化学键本质的相关研究获得诺贝尔化学奖，人们均深感遗憾，若路易斯还在人世，也会因为确立了化学键的基础这一贡献而共同获奖。只要物质世界按照八隅规则维持着共价键，我们就能一直在书中看到路易斯的名字。

# 5

## 化学进化视角下的
## 生命诞生

诞生于宇宙中的元素在化学规律的基础上，经过分子进而创造出物质。物质分为无机物和有机物，有机物可通过生命体制造获得，但也能从简单的无机物中合成出来。这样的话，物质是如何制造作为有机体的生命体的呢？

地球上生存的无数生命体是以碳为基础形成的，但为什么碳成了地球生命体的基础元素呢？碳原子的原子价为 4，这意味着碳能与其他原子形成 4 个键。构成有机物质的主要元素——氢、氮、氧，氢的原子价为 1，氮的原子价为 3，氧的原子价为 2。即氢具有与其他原子形成1 个键的能力，而氮和氧则分别能形成 3 个和 2 个。但是因为碳具有形成 4 个键的能力，所以能与很多原子以多种方式结合成键，制造出复杂多样的化合物。因此，将生命称作基于化学规律的碳化学的产物也不过分。下面我们一起来了解以碳为基础形成的庞大的高分子有机体，以及地球生命体是在何时以何种方式诞生的。

## 所有生命体都是以同一元素为基础吗？

宇宙中的所有生命体都是在碳的基础上出现的吗？哈尔·克莱门特的小说《冰雪世界》中，主人公是以硅为基础构成活体的外星生命体。《异形》《星球大战》系列电影中也出现了并非基于碳元素的外星生命体。此外，游戏《星际争霸》中的普罗托斯种族也是以硅为基础的假想生命体。类似的剧情设定绝非毫无根据，现如今，科学家正进行着针对以硅为基础的外星生命体的探究性研究，而且被视为富有意义的争论。硅元素在元素周期表中和碳位于同一族，即原子价也是 4，因而结合成键的能力和碳元素相同，所以具有和其他元素形成高分子化合物的特征。但硅的原子序数比碳更大，所以原子半径更大，活性也更强。因为这一特征，硅在形成化合物时，其稳定性略低于碳元素，但和一部分元素相结合时，能够形成比碳元素更稳定的结构。因此，虽然硅存在着若干缺点，但在和地球环境不同的外部天体中，其含量比碳更为丰富，所以更有可能促生复杂的有机物。过去一直致力于围绕碳合成的有机体进行研究来寻找外星生命体，而这一研究正逐渐延伸至以硅或其他元素为核心的生命体上。

哈尔·克莱门特的《冰雪世界》（1953 年）中出现以硅为基础的生命体。

## 关于生命起源的假说

生命体的核心物质是蛋白质和 DNA，这些物质如何成为组成我们身体和承载遗传信息的物质呢？

1936 年，奥巴林和霍尔丹提出了假说，称有机物从无机物中自然生成（根据充分的生化学、地质学信息），而生命产生于这些有机物中。到了 20 世纪 50 年代初期，许多科学家根据地质学资料，提出了原始地球的大气由甲烷、氨气、氢、水蒸气构成，并提出了下面的生命起源假说。

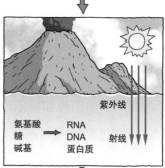

存在于原始地球大气中的甲烷、氨气、氢、水蒸气等无机物成分，在强烈的闪电、紫外线、高温等丰富的能量作用下，生成了氨基酸、糖、碱基等简单的有机物。

这一过程虽然缓慢，但经过

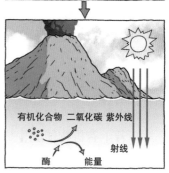

奥巴林和霍尔丹的生命起源假说称，生物大分子的单体——氨基酸、糖和碱基产生自原始大气中的简单无机物之中，这些单体进而进化为蛋白质、核酸（DNA、RNA）等复杂的化合物

漫长的时间之后，大量的有机物被合成，这些有机物和雨水一起汇入大海后逐渐累积，海洋变成了类似有机物浓汤的状态。在原始海洋中，有机物之间互相发生反应，形成了蛋白质、核酸等复杂的大分子有机物。此后，经过了显现部分生命特性的复合体形成阶段，大分子有机物进化成了原始的生命体。

## 米勒合成有机物的实验

奥巴林和霍尔丹对生命起源作出的假说没能引起科学家过多的求知欲，但米勒是一个例外。1955 年，当时的米勒是著名化学家尤里的学生，尤里对太阳系的形成过程颇感兴趣，就给米勒布置了一个任务，让他去研究生命体必需的化合物在最早的地球环境中能否生成。为此，米勒设计了模拟原始地球状态的实验并进行了研究，结果确认了甘氨酸、丙氨酸等氨基酸（构成蛋白质的基本单位）和若干有机物能够生成。

米勒的实验虽然不是展示最早的生命如何诞生，但科学地验证了奥巴林和霍尔丹的假说，即在原始地球上，不依靠生物，有机物也能借助自然环境从无机物中自发合成。从这一点来看，米勒的实验是极具意义的。

蛋白质由其单体结构（基本单位）氨基酸聚合而成，

## 米勒的实验设备

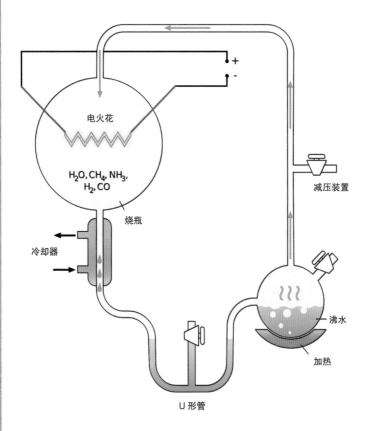

电火花

H₂O, CH₄, NH₃,
H₂, CO

减压装置

烧瓶

冷却器

沸水

加热

U 形管

米勒的实验与化学进化相关，作为其中的设备之一，烧瓶里放入了甲烷、氨气、水蒸气和氢的混合气体，同时在另一侧将水煮沸提供水蒸气，并加以火花放电。此实验设备中，烧瓶里呈现原始地球的大气状态，火花放电则模拟了来自太阳的紫外线、宇宙的射线、闪电等能量，而将水煮沸提供水蒸气的设计则是为了让水蒸气冷却后变成雨水，把溶于大气中的分子冲进原始海洋

DNA 由其单体结构核苷酸（由糖、磷酸、碱基组成）聚合而成，二者均为分子量巨大的高分子物质，同时也均为有机物。米勒的实验中合成了氨基酸和若干有机物，这意味着制造蛋白质和 DNA 的基本材料已经具备，同时也揭示了生命的核心物质可通过化学进化制造出来的可能性。

## 外界流入说和深海热泉说

近期的研究中有很多证据表明，早期地球的大气和环境与奥巴林和米勒所假定的存在较大差异。与奥巴林和米勒的假设不同的是，新发现的大气成分中包含了氮气、一氧化碳、二氧化碳等，进而提出了有机物难以在这种大气状态下生成的主张。因此，科学家正关注着其他的生命体起源假说。

### 高分子

高分子是指分子量 1 万以上，且一般由超过 100 个原子构成的分子。高分子可分为天然高分子和合成高分子，蛋白质、核酸（DNA、RNA）、碳水化合物等是代表性的天然高分子。例如在蛋白质中胰岛素的分子量可达 5 700，而酶则拥有更高的分子量，达到 700 万~800 万之巨。DNA 则是由 500 亿个原子构成的"超级"大的高分子。常见的合成高分子化合物包括尼龙、聚氯乙烯、聚乙烯等。

位于 2 500~5 000 米深海的热泉，随着数百种生物被发现于此极限环境中，关于生命起源的新假说被提出

最早提出外界流入说的是阿伦尼乌斯，其内容为形成生命体必需的有机化合物随陨石或小行星一同从外星流入。他以在星际云中发现的 100 余种有机化合物为根据，提出了氨基酸等生命核心物质在外星产生的可能性。但也有很多人提出质疑，陨石或小行星在进入地球大气层时温度急剧升高，有机化合物如何在高温下不被破坏并流入地球是个问题。

最近，引起很多科学家关注的假说是深海热泉说。深海热泉的环境十分恶劣，阳光照射不到，接近 400 度的高温以及极高的压力使得生命体在此难以生存，即便如此，人们还是在那里发现了管虫、蟹、虾、贝等生物，它们形成了生态系统。随着这些生存在极限环境中的生物被发现，一个有机物生成主张受到了人们的关注。当深海海底火山周围发现的热水口喷出气体时，喷出物中大量含有的硫化氢、硫化铁在周围的高温高压环境中发生反应，生成氢，而借助此时产生的化学能，有机物得以生成。

## 原始细胞的诞生

即使氨基酸合成了蛋白质，糖、磷酸和碱基合成了核酸，但在这些物质聚合在一起经过一种自我组织化形成细胞之前，都无法被视为生命体。

若要形成细胞，区分细胞内外部的细胞膜必不可少。最早提出细胞模型的人也是奥巴林，他表明在离子和酸度调配恰当的水中注入蛋白质或其他聚合物的话，就会相互聚拢，形成一种被称为凝聚体的液滴。高分子团被水分子层形成的膜包裹，具备和生命体相似的特征，吸收周围的物质，多个聚拢在一起又转而分

**聚合物**
基本单体反复连接形成的化合物。

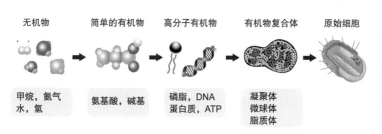

## 原始细胞的生成过程

无机物     简单的有机物     高分子有机物     有机物复合体     原始细胞

甲烷，氨气
水，氢

氨基酸，碱基

磷脂，DNA
蛋白质，ATP

凝聚体
微球体
脂质体

无机物合成简单的有机物，简单的有机物合成复杂的有机物，复杂的有机物经过有机物复合体发展为原始细胞，通过这种化学进化能够解释生命的起源

离，等等。

另一方面，美国的福克斯发现，将加热氨基酸合成的多肽（类蛋白）浸入水中后，会生成类似凝聚体的球体，他把这命名为微球体。相比于凝聚体，微球体具有更加稳定的结构，且它的膜具有和细胞膜类似的选择通过性，同时能从周围吸收物质。此外，在达到一定的大小时，微球体就会像酵母一样，出现出芽分裂等类似生命体的特征。

此后，科学家在多种有机物和磷脂的混合物中加入水，形成了被称为磷脂双层膜的小型结构物质。磷脂形成了像细胞膜一样具有选择通过性的双层膜，脂质体被此双层膜包围着，且脂质体具有类似繁殖的特征，即膜内生成的更小的脂质体可到达外部。

凝聚体、微球体和脂质体可被称作具有部分生命特性的有机物复合体，这种有机物复合体因被细胞膜包裹而得以将内部环境维持在稳定的状态，当它具备物质代谢（获得生命活动所需的物质能量）与遗传物质，且成为具有自我复制功能的结构物质时，即可称为原始细胞。这种原始细胞的诞生意味着最早的生命体出现。

截至目前，我们所了解到的依靠化学进化实现的生命诞生可整理如下。原始地球的大气成分——简单的无机物通过自发的化学合成形成了氨基酸等小的有机物分子，这些小的分子进而合成蛋白质和核酸等高分子物质，生命体的核心物质蛋白质和核酸历经被细胞膜包裹的有机物复合体阶段，发展为具有物质代谢（获得能量代谢的能力）和遗传信息且具备自我复制功能的原始细胞。

## 生物学进化

现在地球上的生命体由单细胞生物如细菌和多种细胞组成的多细胞生物构成。作为多细胞生物，一个成人的身体约由 60 万亿个细胞构成。我们为何成了人而非细菌呢？

据推测，地球上最早的生命体是出现在 38 亿年前的原始单细胞，当时宇宙的年龄大约是 100 亿年，而地球的诞生则要追溯至约46亿年前。从地球生命体的立场来看，长达137亿年的宇宙历史中的100亿年都是准备生命的时间。

宇宙大爆炸之后，原子这一构成生命的材料产生于宇宙之中，它们飘荡在宇宙空间中，进而形成了太阳系。数亿年后，太阳周围旋转的行星之———地球上，物质通过化学进化成为生命体。大约38亿年前，单细胞原核生物作为最初的生命体出现在地球上。单细胞原核生物进化为单细胞真核生物，单细胞真核生物又进化为多细胞真核生物，紧接着又发展为植物和动物。

在这漫长的进化过程中，生命体经历了地球环境的多种变化，但仍然凭借自然选择将自己的遗传基因传承了30亿年以上。与此同时，生命体也朝着更为复杂的结构和功能进化而来。多亏如此，今天的地球上才出现多种生命体繁荣发展的场面。生命通过化学进化而诞生，又通过生物进化而变得多样。人类是这一漫长进化的产物，也是蕴含了宇宙全部历史的容器。

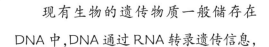

# 最早的遗传物质是什么？

现有生物的遗传物质一般储存在DNA中，DNA通过RNA转录遗传信息，通过对获得了遗传命令的RNA进行翻译来产生蛋白质，进而体现出生物体的形态特征。

原始细胞为了向子细胞（后代）传递自己的遗传信息（DNA），要进行遗传基因的复制，而复制遗传信息则需要酶。酶是一种蛋白质，但蛋白质是DNA生产的，因此出现了关于蛋白质和DNA谁是最初的遗传物质的争论，这是一个"鸡生蛋，蛋生鸡"式的逻辑（问题）。

20世纪80年代，阿尔特曼和切赫发现了核酶（Ribozyme），随之出现了可回答这一问题的假说。

**遗传基因复制**
DNA双螺旋的两条长链分离后，以不同的长链为模板形成新的互补链条。

**核酶**
像酶一样作用的 RNA分子，英文名由 RNA（Riboneucleic Acid）的 "Ribo" 和酶 Enzyme）的'zyme" 组合而成。

## 遗传信息的流程

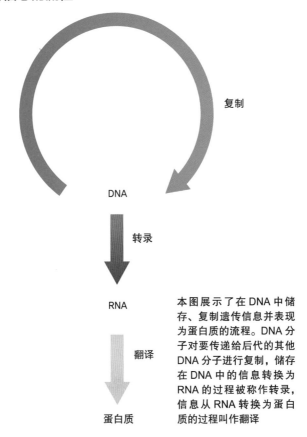

复制

DNA

转录

RNA

翻译

蛋白质

本图展示了在 DNA 中储存、复制遗传信息并表现为蛋白质的流程。DNA 分子对要传递给后代的其他 DNA 分子进行复制，储存在 DNA 中的信息转换为 RNA 的过程被称作转录，信息从 RNA 转换为蛋白质的过程叫作翻译

据发现，核酶是具有酶功能的 RNA，即使没有蛋白质的帮助，也能复制遗传信息。因此现在广泛接受的假说就是，最早的生命体从 RNA 出发，功能分化至

## DNA、RNA、蛋白质的特征

| 物质 | DNA | RNA | 蛋白质 |
|------|-----|-----|--------|
| 储存信息能力 | 优秀 | 有 | 无 |
| 自我复制 | 可能 | 可能 | 不可能 |
| 酶功能 | 不可能 | 可能 | 可能 |
| 立体结构 | 一定 | 多样 | 多样 |

DNA 和蛋白质，即最初的世界是 RNA 的世界。

为了成为最初的遗传物质，遗传信息的储存和复制是必要的，若具有酶的功能则更加有利，具备这种特征的高分子可被称为 RNA。和 DNA 相比，RNA 的信息储存能力比较纯粹，因而比起 DNA，这可被看作更原始的状态。因此可以认为，在原始的地球条件下，RNA 的核苷酸比 DNA 的核苷酸更容易生成。RNA 在立体结构上像蛋白质一样多样，且一部分 RNA（核酶）能行使酶的功能，因此将 RNA 当作最早的遗传物质的假说正占据着优势地位。

# 向宇宙中的邻居挥手

地球不过是宇宙中的一点，如果说这里出现了"生命的奇迹"，那庞大的宇宙中的某个地方就没有这种奇迹吗？对外星生命体的好奇心自古希腊时期便出现了。朝鲜李朝的自然科学家洪大容曾推测称："宇宙无边，地球或许并非中心，因此可想到的生物也不只在地球上。"随着科学的日益进步，人们也试图用科学的方法去证明这一主题。

SETI 是"Search for Extra-Terrestrial Intelligence"的简称，意为"地外文明探索"。20 世纪 60 年代，科学家进行了利用射电望远镜寻找地外文明的尝试。利用射电望远镜接收生命存在可能性高的行星的频段信号，进而分析辨别出呈现特定的反复形式的人工电波信号。因为预计若存在地外文明，他会使用人工电波，所以通过辨别此电波，就能预测地外文明存在的可能性。

1974 年，波多黎各的阿雷西博天文台向距离地球 25 000 光年的 M13 球状星团（武仙座星团）发送了数字信号，这被称作"阿雷西博信息"。阿雷西博信息究竟包含了什么内容呢？该信息由 1 679 个二进制数字构成，大小约为 210 字节。信息由 7 个部分组成，自上而下分别用二进制编码了数字、DNA 元素、核苷酸、DNA 双螺旋、人类、太阳系、望远镜等信息。该信息是德雷克博士在以卡尔·萨根为首的若干科学家的帮助下制作的。

　　除此之外，人类还试图通过向太阳系内部的行星发射探测船或在宇宙飞船中搭载记录人类和地球信息的标牌或唱片的方式寻找地外文明，同时也是向宇宙宣告我们的存在。

　　随着 1976 年火星探测船的成功着陆，科学家对火星是否存在生命痕迹进行了调查。近来，探测船在土星的卫星土卫六上着陆，努力寻找生命的痕迹。1972 年发射的"先锋 10 号"宇宙飞船上，搭载了一个画着人类（男女）身体构造、宇宙飞船的形状、太阳的相对位置、太阳系的面貌和地球的位置等内容的金属板。1998 年发射的"旅行者号"搭载着收录了

# 阿雷西博信息

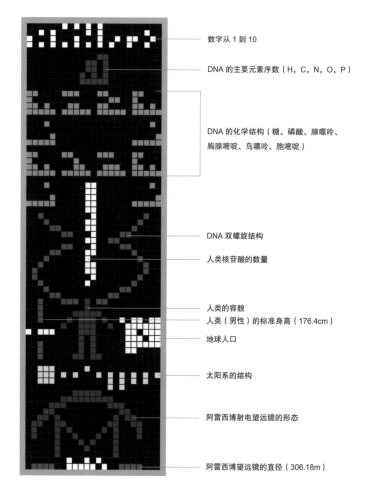

数字从 1 到 10

DNA 的主要元素序数（H, C, N, O, P）

DNA 的化学结构（糖、磷酸、腺嘌呤、胸腺嘧啶、鸟嘌呤、胞嘧啶）

DNA 双螺旋结构

人类核苷酸的数量

人类的容貌

人类（男性）的标准身高（176.4cm）

地球人口

太阳系的结构

阿雷西博射电望远镜的形态

阿雷西博望远镜的直径（306.18m）

1974 年，用二进制编写的数字信号"阿雷西博信息"被发送至宇宙，即便 M13 球状星团上的外星人收到了此信息，我们也要等待 5 万年才能收到他们的回信地球相关信息的 2 英寸大的镀金唱片飞向宇宙，该唱片包含了地球的样子、地球的声音、地球的音乐、地球的语言，试图去告知地球的生命和文化。

虽然人类付出了诸多努力，但至今仍未发现地外文明的存在。你认为外星人究竟是存在呢，还是相信这偌大的宇宙中人类是唯一的文明生命体呢？卡尔·萨根在电影《接触》中讲述了自己的想法。

| | |
|---|---|
| **孩子** | 宇宙中有外星人吗？ |
| **天文学家** | 很棒的问题，你是怎么想的呢？ |
| **孩子** | 我不知道。 |
| **天文学家** | 这也是很棒的回答。你们要是好奇的话，应该自己去寻找答案。但有一个无可争议的事实，那就是宇宙很大，比任何东西都大，如果这里只有我们的话，那就是严重的空间浪费吧。你们不觉得吗？ |

有还是没有，不管同意哪一个，但值得惊异的是，人类从宇宙的尘埃中出现，在地球这个小行星上进化成文明生物，如今正对着宇宙中的邻居打着渺小却伟大的招呼。

# 从大历史的观点看
# 构成物质的元素
# 从哪里来

为了理解元素和物质的诞生，我们需要了解从宇宙诞生到现在的各大转折点。第一大转折点是宇宙大爆炸和宇宙的诞生。第二大转折点是星体的诞生。第三大转折点是元素和物质的诞生。其中，第二与第三大转折点几乎同时出现。通过星体的核合成和超新星爆炸，生成了元素。受到静电力的作用，原子相互结合生成分子，分子生成物质。分子形成非常精巧而又复杂的结构，再由它们生成各种各样的物质。第四大转折点是太阳系和地球的诞生。第五大转折点是地球上出现有机化合物，它能够极为巧合地生成生命。第六大转折点是这类有机物逐渐进化为复杂的细胞，分化为雌雄，并通过有性生殖使各种生命体出现。第七大转折点是人类的诞生。其他三个大转折点则是人类文明的重要转折点。本书重点阐述上述十大转折点之中的第三大转折点——元素和物质的诞生。

> 苹果派由氢、氧、碳组成。倘若你想在没有任何材料的情况下做苹果派，那必须先创造出宇宙。
>
> ——卡尔·萨根《宇宙》

如果想要与家人分享苹果派，那么首先需要有苹果和面粉做材料。构成苹果和面的分子由元素构成，这些元素生成于星体。而构成星体的元素来源于宇宙大爆炸生成的宇宙。即使将上文中提及的苹果派换作周边的任何其他物质，也会得到相同的答案。因此，包括各位在内的物质世界都与宇宙大爆炸这一转折点有关，也都与宇宙相关。无论是各位，还是苹果派，都诞生于宇宙这个共同的故乡。

137亿年前，大爆炸生成了宇宙，同时也生成了构成元素的基本粒子。这些基本粒子生成了氢和氦。另外，在星体经历诞生和消亡的过程中，通过核聚变的方式从质量小的元素中生成了质量大的铁元素。而比铁更重的元素则通过超新星爆炸产生。当这些在宇宙中生成的元素具备合适的密度和重力（即黄金条件）时，就会生成与各位相同的物质。在元素形成物质的过程中，适用元素具有的某种特性和某种原理。我们生活的世界不是毫无秩序的世界，而是按照一定规律形成的各种元素的集合体。

为了探明元素的规律而付诸努力的代表性人物是门捷列夫。他认为原子量决定物质的特有属性，他以原子量为标准将元素进行了排列，并把其中化学属性相似的元素归为一个集团，制成了"元素周期表"。但是，在这个元素周期表里，存在用门捷列夫的标准无法说明的几种元素。解决这个问题的人是莫塞莱。他按照原子序数将元素重新进行排列，并提出了新的排列标准。这样一来，门捷列夫周期表存在的问题迎刃而解。莫塞莱的周期表正是我们如今使用的现代周期表。

元素周期表如同对物质世界进行说明的地图。一旦掌握了周期表中隐藏的规律性，就可以很好地理解离子生成的原理、分子之间的相互作用力（偶极-偶极力、色散力、氢键）。以此为基础，可以理解物质形成的基本原理。

在各种物质中，形成生命体至关重要的物质是蛋白质和核酸（DNA 和 RNA）。在早期的地球环境下，这些分子从单细胞进化为多细胞。经过漫长的时间之后，它们进化为动物和植物。动物和植物经历诞生与死亡，此时构成它们的元素也随之经历了结合与分解，并不断地进行循环。换言之，原始宇宙里形成的元素在形成达·芬奇的心脏或牛顿和爱因斯坦的大脑之后，经历了再分解，它们也可能已经成为我们身体的一部分。

进化生物学家史蒂芬·古尔德在《缤纷的生命》一书里提出了"倘若我们把生命的录像带倒回至最初，人类是否还能出现"的问题。许多科学家认为生命再次诞生的概率几乎为零。不过，即使只有极低的概率，但凡存在可能性，那么在宇宙的某处就有可能存在满足生命诞生的黄金条件（即适合的温度、大气、水）的另一个天体，在那里也有可能突破概率的限制，偶然地生成生命体。因为构成生命体所需的元素不仅存在于地球，也遍布整个宇宙。此外，如果构成物质的原理和规律不变，那么只要有充分的元素（即构成生命的材料），生命体就有存在的可能。因此，人类不断地追寻宇宙中的其他生命体。这些努力都是为了找寻我们自身的根源所做出的科学性尝试。

大历史通过寻找"我们如何存在于这个世界"的答案，探明了我们都是宇宙的产物。不过，至今依然存在尚未明了的谜题。虽然简单的有机物是通过化学进化生成生命的重要物质，但是却未阐明这些物质是如何通过自我组织和物质代谢而获得生命的。此外，包含遗传物质的DNA又是如何形成双螺旋结构也有待说明。这些未解之谜正是各位读者的课题。

那么，现在，各位能够对最初提及的高更的问题做出科学性的回答了吗？

"我们从哪里来？我们是谁？我们到哪里去？"

2014 年 12 月

金义成　金艺瑟